U0042527

關於頭髮的全部！
解決頭髮煩惱的293則實用小知識

日常髮則

髪のこと、これで、ぜんぶ。

作者 佐藤友美
譯者 許郁文

前言

如果有人把所有與頭髮有關的知識整理成一本書就好了

某次因為工作的緣故，想要了解一些頭髮的知識，結果一搜尋才發現，與頭髮有關的知識真的有夠多。

許多人都提供了非常實用的資訊，可惜的是這些來自四面八方的資訊簡直就快把我淹沒了，也讓我不知道該從何下手。

此外，我雖然很常接受與頭髮有關的採訪，但是有些問題已經回答過數十遍以上，例如：

「什麼樣的髮型讓人一看就顯得年輕呢？」

或是

「有機的洗髮精對頭髮比較好嗎？」

相關的資訊明明非常多，卻很難從中篩選出需要的。

於是我便覺得，要是能將頭髮的各種資訊統整起來，一定會對大家（以及我）有所幫助，這也是我會著手撰寫《日常髮則》這本書的理由。

關於本書的作者

在此簡單地介紹一下寫這本書的作者，也就是我本人。

我是今年滿四十五歲的文字工作者。

有一個正在念小學的兒子。

個性很急又很雞婆。

對工作雖然很有熱情，但私底下卻散漫又笨拙。

我已經是第十一年告訴自己「今年絕對要好好聽NHK廣播英語！」。最喜歡的詞彙是「一舉兩得」。

我從二十四歲開始為時尚雜誌撰稿，後來在因緣際會之下，成為專寫頭髮專欄的寫作者。

我本身沒有美容師的證照，也沒辦法為別人提供妝髮的服務，但我已經連續採訪髮型設計師與髮型養護專家超過二十年以上，有幸從他們身上學到許多大家都想知道的資訊。

例如，燙髮、染髮或是縮毛矯正等的藥劑知識、剪出量身打造的髮型，頭髮的抗老與食療、挑選美容院的方法、與美容師溝通的技巧、絕對不會出錯的髮型要求……等。

這本書已盡可能將這些從專家身上學到的知識，整理得讓大家一看就懂。

知道就不會吃虧

突然說這個可能有點奇怪，不過我覺得過去從人生的前輩身上獲得的「最雞肋，知道也沒什麼用（抱歉！）」的是某位富豪紳士傳授的建議。

「紅酒越貴越好喝喲，所以不管去到哪間店，都建議從酒單上最貴的喝起。」

儘管這位紳士說的沒錯，但這個知識對我而言一點用也沒有，因為我根本喝不起一瓶數十萬日圓的紅酒！（不過我還是半開玩笑地說：「那就恭敬不如從命，請大哥從最貴的開始請我喝吧。」）

我覺得，與頭髮有關的事情也是一樣。

就算聽到「這個對頭髮很好喔」或是「可以讓髮質變好喲」，

如果價值不菲，大部分的人應該花不下去。此外，很困難的技巧或是很花時間的事情也很難持續對吧？

所以本書盡可能多介紹那些「知道就賺到的知識」或是「只要稍微『改個習慣』就能做到的事情」。雖然有些項目還是得花一些金錢或是時間才能做到，但還是希望大家先體驗那些不用花錢或時間就能嘗試的內容。

另一點要提醒大家的是千萬別有「要全部都做到」的想法，因為我也沒辦法全部做到。

大家可以試試那些喜歡的、感興趣的、試了好像很棒的內容。

目次

CHAPTER 1 希望大家至少知道這些基本知識

CHAPTER 2 上美容院前做好準備是成功的一半

目次

CHAPTER 3 走進美容院就要這麼做

目次

COLOR TICKET
COLOR TICKET
TICKET
TICKET
TICKET
TICKET
TICKET

CHAPTER 4
淑女的洗髮心得

CHAPTER 5 站在洗臉台前面也不再猶豫

CHAPTER 6 出門前的準備

CHAPTER 7 現在就要變得時尚！

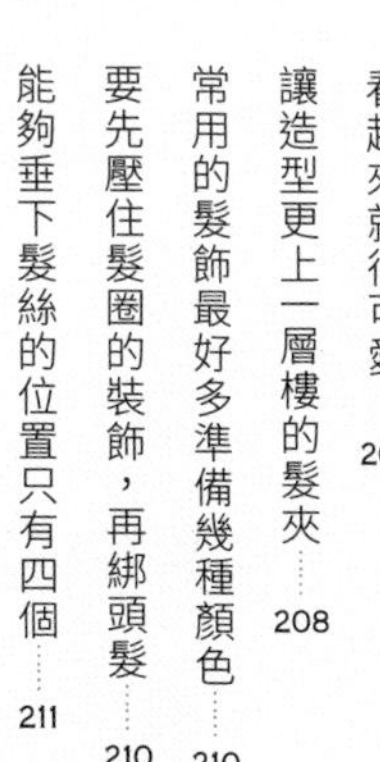

CHAPTER 8 每天都想舒適地生活

CHAPTER 9 頭髮也會變老

目次

CHAPTER 10

喜歡頭髮就會喜歡自己

一開始為大家整理了該知道、該改變的事情。不用花太多金錢或時間，只要知道這些就能變漂亮。

CHAPTER 1

希望大家至少知道
這些基本知識

1

「有光澤不代表頭髮健康」

雖然有點唐突，大家覺得實際的體重與外表看起來的體重，哪個比較重要？

我是只要能透過一些穿搭技巧讓自己看起來顯瘦，就不大在意實際體重的人，這或許是因為從小父親就一直跟我說：

「聽好，重要的是視覺效果。」

那麼，頭髮也是這樣嗎？

一說到頭髮光澤感，大家就覺得這跟頭髮的含水量、保水度一樣重要。含水量較高的頭髮的確比較健康，但頭髮是否帶有光澤感其實只與頭髮表面的凹凸有關，與含水量沒有關係。就算是稍微受損的頭髮，只要表面夠滑順，就能完整地反射光線，頭髮看起來就很有光澤。反之，就算是健康的頭髮，只要表面捲曲，看起來就不會柔柔亮亮的。

頭髮直直地反射光線，看起來就很有光澤。

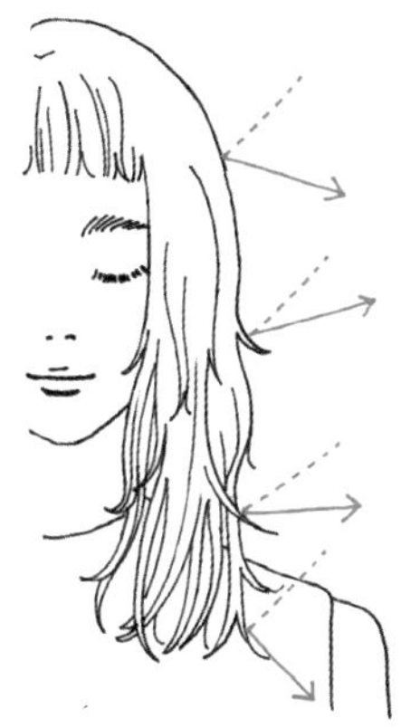

要是光線不規則地反射，頭髮看起來就不會亮亮的。

2 加熱拉直頭髮，頭髮自然有光澤

若問該怎麼做才能快速撫平頭髮的凹凸，得到一頭亮麗的秀髮，只需要加熱頭髮的表面，將捲曲拉直並關閉毛鱗片即可。這也是為什麼用吹風機吹乾頭髮，或是利用整髮器加熱頭髮，頭髮就會看起來柔柔亮亮的。

3 為什麼洗髮精廣告都找直髮的女性當主角？

想必大家已經知道答案了吧。

4 要改變形象就先改變瀏海

如果想利用髮型改變別人第一眼看到你的印象，就從變換瀏海開始。

大部分的人在與別人對話時，都會看著對方的眼睛，所以瀏海、頭髮的分邊、臉龐周圍的髮流就算只有一點點改變，也很容易被對方察覺。

5 沒被注意到髮型也不要沮喪

就算沒人發現你換了髮型也不要太過沮喪，這有可能只是因為企業的性騷擾防治講習造成的。

在這個時代，評論別人的外表（尤其是男性評論女性）可是很危險的事喲。

6

就算只是勾到耳後也會改變印象

即使形象沒有大幅改變，只要將側邊的頭髮勾到耳朵後面，也能給人不同的印象。

看起來柔和！

看起來很有個性！

很俐落的樣子！

7 突顯較大的眼睛

要讓眼睛看起來更大的話，記得透過分邊來突顯自己較大的那邊的眼睛。分邊的訓練請參考177頁的(179)。

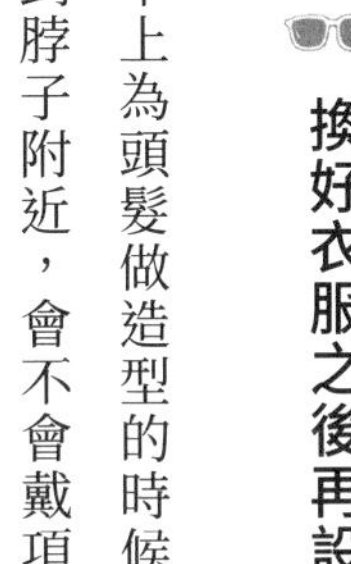

8 換好衣服之後再設計髮型

在早上為頭髮做造型的時候，記得先換好衣服。衣服會不會穿到脖子附近，會不會戴項鍊或耳環，都會影響整體造型的平衡。

9

讓分邊不那麼明顯，就能很上鏡

女性時尚雜誌裡的模特兒很少會讓頭髮的分邊太過明顯。因為如果頭髮的分邊太過明顯，底下的頭皮就會露出來，頭髮看起來也會塌塌的，看上去不是很好看。

拍照時，髮型師一定會讓頭髮的分邊變得不那麼明顯，如此一來就不會太在意髮量稀疏的問題。

若問該怎麼讓頭髮的分邊不那麼明顯，具體來說就是「別讓頭髮的分邊分成一直線」。請從左邊Ⓐ～Ⓒ之中，挑一個比較簡單的方法試試看，頭髮的分邊會變得不那麼明顯。

Ⓐ利用梳子的柄部將頭髮的
分邊分成鋸齒狀。

Ⓑ用手指把頭髮的分邊
分成鋸齒狀。

Ⓒ將頭髮的分邊撥高一點，
讓頭髮往上蓬。

10

冷風不是電風扇

頭髮是由蛋白質組成，所以可利用熱風做造型，再利用冷風固定。舉例來說，若想讓頭髮蓬蓬的，可先利用髮捲捲彎頭髮，利用熱風吹出造型，之後再以冷風固定。反之，如果想撫平翹起來的髮梢，則可先用手指拉直頭髮，再以熱風吹直，然後以冷風固定。

冷風可不是在夏天拿來當電風扇用的。

11

讓毛鱗片關閉，頭髮就有光澤

除了造型之外，在吹乾頭髮之後，再利用冷風吹一吹，可讓毛鱗片瞬間關閉，頭髮也會變得更有光澤。

12

絕對不能讓毛鱗片剝落

話又說回來，千萬別讓吹風機的風由下往上吹，因為這種吹法會讓毛鱗片像魚鱗剝落一樣往上翻。

吹頭髮的時候，務必順著毛鱗片的方向由上往下吹。

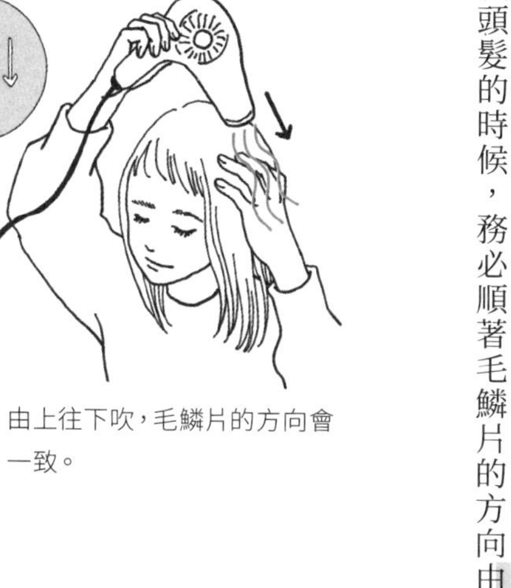

由上往下吹，毛鱗片的方向會一致。

由下往上吹，毛鱗片會翻起來。

13

髮梢會亂翹，問題出在髮根

頭髮的特性是會朝著髮根毛髮生長的反方向翹起，所以就算用吹風機一直吹，或是用直髮整髮器燙直，也沒辦法讓髮梢不翹。如果不從髮根著手解決，就無法撫平捲翹。

14

臉部附近的頭髮能讓人看起來瘦三公斤

讓一些頭髮輕輕飄在臉龐旁邊，可在臉上製造一些陰影，讓臉看起來瘦一點。感覺就像化妝技巧中的修容陰影。讓這附近的頭髮捲起來或是晃動，看起來也很性感。

15 垂下髮絲顯得時尚，髮絲散亂卻顯老

要注意的是，不能讓這些該輕輕飄在臉龐旁邊的頭髮看起來像是「疲於生活的亂髮」。

這兩者的差異在於「是不是整理過」。如果你自覺「這些頭髮是故意放在臉龐旁邊的」，就是看起來時尚的髮型。

如果你覺得「自覺」這個詞太過虛無縹緲，可利用髮蠟將放下來的頭髮黏成一撮，強調「這是故意放下來的頭髮」。

16 頭髮一個月長一公分

頭髮平均一個月長一公分。所以要留出髮長及肩的鮑伯頭，大概需要兩年；如果要留出長度到胸部左右的長髮，大概需要五～六年以上。這是不管遇到颳風下雨，還是遇到摩擦、壓力或失戀，都一直陪在你身邊的頭髮。想到這點，大家不會想要多多保養髮梢嗎？

17 頭髮是死掉的細胞

話又說回來，頭髮是死掉的細胞，所以是無法「修復」的，只能讓它不要受到更多傷害而已。

溼答答的頭髮才脆弱

有些人以為熱風對頭髮不好，所以洗完頭髮之後，故意放著讓它乾，但其實頭髮溼溼的時候才容易受傷。務必吹乾頭髮之後再睡。

19

洗髮精也會傷髮

想必有讀者想到這個疑問：「如果頭髮溼溼的時候很容易受傷，那洗髮精也會傷害頭髮嗎？」

沒錯，當然會。

除了染髮與燙髮外，洗髮精的摩擦也會讓頭髮受傷。洗髮精該洗的不是「頭髮」而是「頭皮」，請大家務必記得，沒有必要用洗髮精搓洗髮梢。正確洗髮方式將在第四章介紹。

別用頭髮擦手

應該有人會發現自己有這個壞習慣吧？去完廁所之後，順便用溼溼的手整理頭髮。

這不僅會使頭髮因為水分進出而變翹，沾溼也會使頭髮變得脆弱，簡直就是雙重打擊。

21

燙髮時的「滋滋」聲是頭髮的哀號

整髮器要在頭髮乾的時候使用。如果在使用整髮器的時候，聽到「滋滋」的一聲，還看到冒出蒸氣，那就是名為「蒸氣爆發」的現象，頭髮也會因為被燙傷而發出哀號。

也有在使用整髮器之前使用的捲髮專用噴霧，但如果噴了噴霧，記得等到噴霧乾了再使用整髮器。

22 即使打算留長，也要修剪髮梢

買了切花回家後，若是一直插在花瓶裡，根部就會變得軟軟的，花也會失去活力。同理可證，若在剪完頭髮之後，不保養頭髮，末端（也就是髮梢）會變得乾乾的。

當髮梢變得塌塌的，營養就會從頭髮流失，此時就要如同修剪切花一般修剪髮梢。

就算想要留長髮，也應該每三個月修剪一次，才能留出漂亮的長髮。

23 頭髮的CP值

假設你想要剪頭髮與染頭髮。在東京都心的話，每次大概得花一萬五千日圓左右。以平均而言，日本女性大概是每三個月去一次美容院，所以就讓我們設定成這一萬五千日圓可撐過三個月吧。

頭髮不像臉上的妝可以卸掉，也不像身上的衣服可以換掉，不管是在家還是外出，也不管是在洗澡還是睡覺，頭髮總是二十四小時陪在我們身邊。

所以等於是以一萬五千日圓購買「90天×24小時＝2160小時」陪在我們身邊的頭髮，換算下來，頭髮每小時的價錢約為七日圓。

假設你花了一萬五千日圓購買一件夏季連身洋裝，那麼一週會穿幾次這件連身洋裝呢？最多兩次？你應該不會想一週穿三次同樣的連身洋裝去上班吧。

假設你一週穿兩次，每次都從早上八點穿到晚上八點。夏季連身洋裝的季節大概只有三個月，所以若在這三個月之內，每週固定穿兩次的話，穿這件連身洋裝的時間就是「12小時×2天×4週×3個月＝288小時」，所以這件連身洋裝每小時的價錢就是五十二日圓。假設明年以同樣的頻率穿這件連身洋裝，這件連身洋裝的價錢就會降到每小時二十六日圓。若是從第三年開始，只想一週穿一次的話，那麼價錢就會降到每小時二十日圓。

就算每週穿兩次，愛到不行的連身洋裝，換算成時薪（？）之後，也是頭髮的好幾倍。

這麼看來，在頭髮花錢是不是划算多了呢？

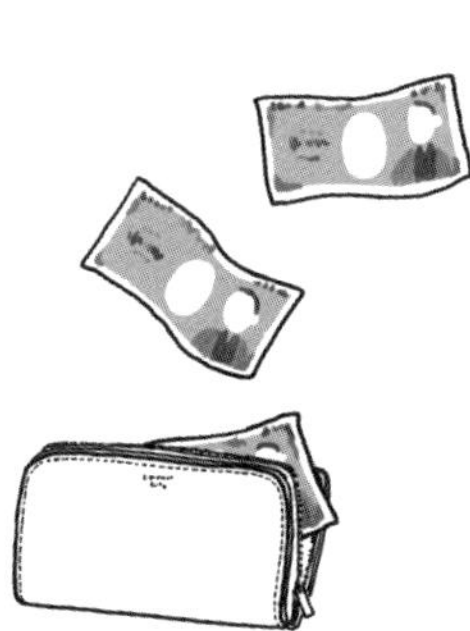

24

想改變形象，卻又猶豫

少女的心是非常複雜的。去美容院的時候，你的心情比較接近下列哪一種？

・想在改變髮型後，大肆買衣服與化妝。
・想聽到別人跟你說：「咦？你換髮型了喔？」
・一聽到有適合自己的髮型就毫不猶豫地變換。
・只要頭髮長長的部分變得漂亮就心滿意足了。
・不希望別人發現自己去了美容院。

重點在於掌握自己想改變多少。

想剪成光頭的時候

大家一定遇過突然很討厭現在這頭髮型的日子吧？我也曾經有過。

不久之前，我在年底回娘家的時候，突然覺得黑髮搭配鮑伯頭的髮型很煩，很想一剪為快。

為了一回到東京就能立刻剪頭髮，我用網路預約一月四日剪頭髮。等到美容院開工，我就立刻跑去，還告訴設計師說：「能不能幫我剪得超短，就算是看起來像光頭也可以。」交情很久的設計師驚訝地問：「你發生了什麼事啊？」我告訴他：「最近遇到很多很煩的事，想擺脫這些煩惱，讓自己煥然一新。」設計師又問：「那也不用剪成光頭啊。你的工作應該不適合把頭髮剪得太短吧？」

說得也是……。我雖然脫口說出剪成光頭也無所謂，但下個月還有整髮器的宣傳工作等著，光頭的確不大適合。

聽到設計師的建議之後，我想了一會兒才發現自己「想剪成光頭」這句話的背後，有著這樣的心情：

・各方面都想要重新出發

・想要果斷改變形象

再進一步內省之後，我發現我突然很討厭髮型與髮色太過保守的自己。我討厭什麼都打安全牌的自己，希望自己的髮型變得更有個性，更強勢。這就是當下我的心情。

當我告訴設計師當下的心情之後，設計師建議我不要剪短頭髮，而是換個亮一點的髮色，做一些面積較大的挑染。「這麼一來，造型會有明顯的改變，帶給人的感覺也會不同，而且宣傳整髮器的工作也不會有問題。」

之後，我染了一頭極為接近銀髮的髮色，也為了讓頭髮更輕盈而打薄並加入層次，我也很滿意這種像藝人一樣的髮型。我也總算明白「原來我不是想剪成光頭，而是想變得更強勢一點啊」。

有時候就是會想換個髮型，但就是沒辦法剪成那樣。這時候最好問問自己「我為什麼想要剪成那個髮型呢？」如此一來，就有機會遇到也能滿足自己心情的其他髮型。

26 染髮當天別洗頭

去美容院染髮之後，當天別洗頭。因為這時候色素還沒完全固定，會把好不容易染好的顏色沖掉。可以的話，最好等到四十八小時之後再洗。如果實在忍受不了流汗或臭味，至少要隔二十四小時以上，而且頂多只能用溫水清洗，再用護髮乳理順。

27 染髮當天別做造型

如此說來，去美容院染頭髮的當天，最好不要用造型劑固定髮型。

28 去美容院的時候，請提供設計師不知道的資訊

設計師是頭髮的專家，所以只要看一眼（或是摸一摸頭髮），就大概知道你的臉型與髮質。

不過，有些事如果不說明，設計師就不會知道：

- **想剪成什麼感覺？**
- **為什麼想剪成那種髮型（理由）？**
- **平常都做什麼樣的造型？**

只要能說明清楚上述三點，就不大可能剪出「不符合預期的髮型」。

這部分也將在第二章與第三章進一步說明。

29 居家染髮最好只染髮根

市售的染髮劑為了適用於各種類型的髮質，劑量通常較強。所以在家裡自己染頭髮的時候，最好只染剛長出來的髮根部分。這時候可先在頭髮的中段到髮梢的部分塗一些護髮乳，染髮劑就比較不容易附著。

30 美髮造型用品應該抹

近年來的髮型崇尚自然風，所以越來越多人不在頭髮上抹東西，就算真的要抹，也頂多就是一層薄薄的髮油。應該有不少人討厭造型劑那種黏黏的感覺吧？其實我也曾經很討厭。不過，在局部使用一點造型劑，絕對比較容易整理頭髮，頭髮看起來也比較有光澤。尤其成年女性的頭髮長年受損，更應該使用造型劑，頭髮絕對會變得更有型。頭髮漂亮的人通常都會使用造型劑，而且用量比你想像還多一倍。最近的造型劑已經沒那麼黏，很多用起來都很順手。如果你對造型劑的記憶還停留在十年前，請務必試用看看。至於哪種造型劑適合，則需依照髮質選擇，建議大家即使不打算在美容院購買，也應該與設計師討論看看。

31 只靠保養得不到美麗

保養頭髮是造型的基礎。如果你有一塊好田地，卻不栽培美麗的花朵，那也沒有意義。若以化妝比喻，保養頭髮算是底妝的部分，而在上面擦粉底、眼影或口紅，則屬於髮型設計或是造型的部分。

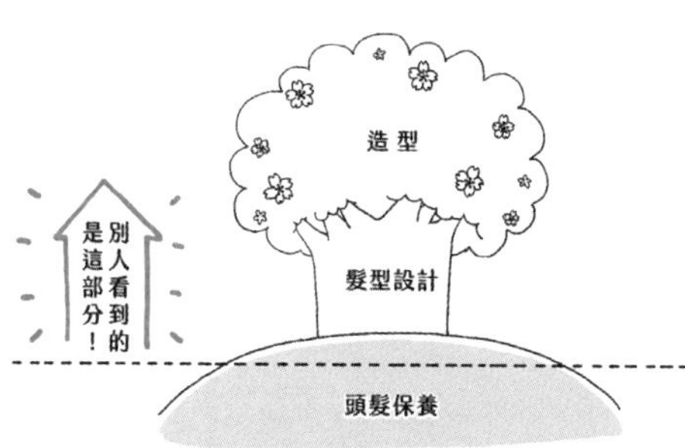

32 為什麼很多外國人都重視頭髮？

日本女性雖然很用心學習化妝技巧，卻比較容易忽略頭髮的部分，反觀外國女性的情況就不大一樣，即使平常只塗睫毛膏與口紅，也通常會花時間好好保養頭髮。

這不是孰優孰劣的問題，而是文化的差異。

在不同民族、膚色、髮色的人同住的國家裡，第一印象往往是於中長距離決定。但長年住在島國的日本人，總是看到類似的膚色與髮色，所以才對妝容的「些許差異」這麼敏感。

今後是多元化的時代，我有預感，頭髮將因此越來越重要。

只要變得可愛就可以

自認為長得不可愛或是長得胖，所以不想讓別人覺得自己很在意外表，否則會感到丟臉。每次去美容院都沒辦法說清楚自己想要的造型。上述這些女性比想像中來得多。

這些女性當中，很多或許曾被父母親告誡「別打扮得花枝招展」，也可能被女性朋友嘲笑過，或是聽到喜歡的人評論「這種打扮不適合你」，而在心裡蒙上陰影。

不過，就讓這種心情成為過去吧！髮型不是一較高下的道具，短髮也不會比長髮更了不起，只要能找到自己最喜歡、最適合自己的髮型就可以了。

髮型總是與想像有落差的人、下次換髮型時想要一決勝負的人，請務必閱讀這章。如果你以為「髮型的好壞取決於設計師的功力」，那可就大錯特錯囉。

CHAPTER 2

上美容院前做好準備是成功的一半

34 適合的髮型不只一種

有些人一直煩惱著「找不到適合的髮型」，但這些人該不會以為「適合的髮型只有『一種』」吧？據說大部分的設計師在聽到客人說「幫我剪個適合的髮型」時，會立刻想到五～十種。請大家務必記得，每個人都有很多種適合的髮型。

35 想展現的形象是？

據說人判斷對方的外觀只要七秒，這稱為「首因效應」。而髮型正是影響這個第一印象的主要因素。

你想展現何種形象呢？先釐清自己的想法吧。

36 雖然是適合的髮型，但是不喜歡

只配合臉型或髮質，不一定能剪出「真正喜歡的髮型」。如果無法同時滿足「符合臉型與髮質」與「符合心情」這兩項條件，就不算是真正喜歡的髮型。

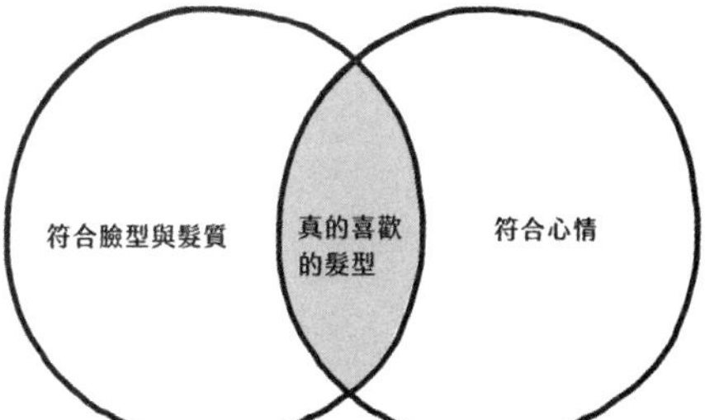

符合臉型與髮質	真的喜歡的髮型	符合心情

37 去到美容院，別只說「全交給設計師處理」

所以，最好不要只跟設計師說「全交給你決定」。設計師在聽到「全交給你決定」的時候，通常會建議一些適合你的臉型或髮質的髮型。

可是，設計師不會讀心術，你不說清楚，他就無法知道你想要的感覺。如果你希望擁有不只符合臉型與髮質，同時也符

合心情的髮型，就一定要跟設計師說明「你想成為怎麼樣的自己」。

38 想要看起來可愛

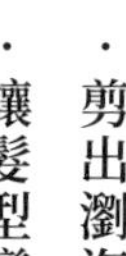

・剪出瀏海
・讓髮型變圓
・將頭髮剪成後長前短的模樣
・染成比較明亮的髮色……或是其他類似的造型

39

想要看起來更加酷帥

・不要剪瀏海
・讓髮型變成縱長的走向
・將頭髮剪成髮梢呈水平或後短前長的形狀
・染成比較深色的髮色……或是其他類似的造型

40

想要看起來更性感

・增加頭髮的曲線（燙髮、捲髮或把瀏海往上撥）
・讓髮型的線條更有張力與變化

・讓後頸部的髮量增加……或是其他類似的造型

41 想要展現個人特色

・剪成短髮
・剪短瀏海（讓瀏海比眉毛還高）
・在髮色上講究
・讓髮梢的剪裁線更加分明
・故意剪成左右不對稱的髮型……
或是其他類似的造型

42 不想再被當成路人的時候

過去我曾在某個電視節目負責改造國高中女生瀏海的企劃。我記得某位為了改造髮型而來上節目的女藝人說了句讓我印象深刻的話。雖然當時的他即將高中畢業，卻這麼跟我說：「希望接下來不要再跑龍套，希望給人一種足以擔當主角的印象。」

所謂的跑龍套，就是路人之類沒有台詞的角色，他很想擺脫這種毫無特色的角色。

當時的他留著一頭黑色直髮，瀏海則是清湯掛麵的模樣，這個髮型普通到可說是最多日本女高中生留的髮型。

由於他覺得「自己不怎麼特別」，所以我建議他把瀏海剪到高於眉毛的長度。

我還記得，光是剪短了瀏海，他的形象就變得截然不同，有種說不出的特別感，整個人彷彿變得閃閃發光一樣。錄完影之後，他還是散發著獨樹一幟的華麗氣質。

想成為特別的人。當你的心中浮現這個想法時，一定會發現頭髮能夠成為你的助力。

43 挑選髮型的公式

挑選髮型的祕訣很多，最簡單的就是先思考要走「甜美（可愛、年輕）」的路線，還是走「嗆辣（酷帥、成熟）」的路線。髮型給人的印象主要是由下列三項元素決定。

① 瀏海 ↓ 有或無

② 髮梢 ↓ 捲或直

③ 髮色 ↓ 亮色或暗色

	甜美	嗆辣
瀏海	有	無
髮梢	捲	直
髮色	亮色	暗色

這三項元素可決定髮型給人的印象是甜美還是嗆辣。

比方說，沒有瀏海、髮梢是直的，髮色也比較暗淡這種嗆辣×嗆辣×嗆辣的髮型，會給人一種酷酷的感覺。

雖然沒有瀏海，但髮梢捲捲的，髮色也比較明亮的話，就是嗆辣×甜美×甜美的組合，也就是有點甜美的髮型。

這個公式不管是長髮或短髮都適用。

甜美（有瀏海）× 甜美（髮梢捲捲的）× 甜美（亮色）＝超甜美的髮型

嗆辣（無瀏海）× 嗆辣（髮梢直直的）× 嗆辣（暗色）＝超酷的髮型

甜美（有瀏海）× 甜美（髮梢捲捲的）× 嗆辣（暗色）＝有點甜美的髮型

嗆辣（無瀏海）× 嗆辣（髮梢直直的）× 甜美（亮色）＝有點酷的髮型

大家對髮質都有一些誤會

生理期的經血量或疼痛程度沒辦法與別人比較，所以不知道自己的經血量是比別人多還少，經痛是比別人痛還不痛，是常有的事吧？

頭髮也有類似的情況。有些人以為自己的「髮量很多」，但其實不然；有些人以為自己的「頭髮很細」，結果其實頭髮很粗。

如果想知道自己的髮質，最好請教摸過幾百人、幾千人頭髮的設計師。

45

現在就能立刻確認自己的髮質偏硬或軟

頭髮的軟硬度是由毛鱗片的厚度決定。雖然剛剛建議大家

「請教設計師」，但如果你現在就想確認，可由髮根剪下幾根頭髮，再以下列的方式檢驗（千萬別用拔的，不然頭皮會受傷）。

① 弄濕頭髮後，拉拉看

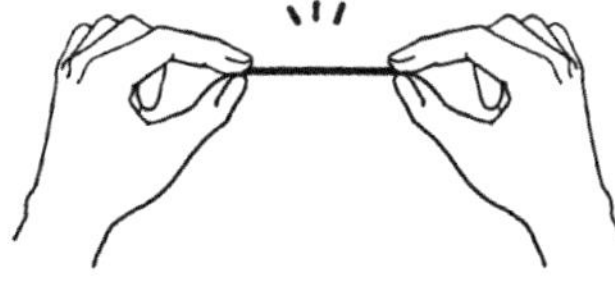

軟髮→延伸

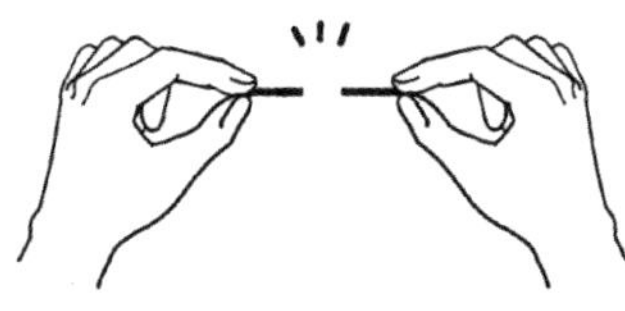

硬髮→斷掉

②捏住頭髮兩端，保持水平後，放掉一邊

軟髮→往下垂

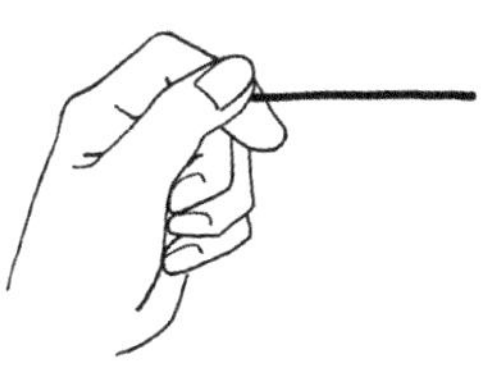

硬髮→保持水平

③將頭髮纏繞在手指上，再將手指抽出來

軟髮→維持纏繞的形狀

硬髮→頭髮直回去

46 很多人對自己的臉型也有誤會

有些人會說自己是「圓臉」，或是說自己的「下巴很寬」。不過，誤會自己的臉型的人其實蠻多的，但不像誤會髮質的人那麼多就是了。

建議大家問問設計師「我屬於哪種臉型」。如果不好意思直接問，不妨換個方式問說：「以髮型型錄裡的『適合的臉型』來看，我應該看哪種臉型的說明比較好啊？」

47 女性的髮質一輩子會變三次

一般認為，女性的髮質一輩子會變三次，分別是在初經、生產、停經這三個時間點。沒有生小孩的人，則是只有初經與停經這兩次。頭髮之所以會變，是因為女性荷爾蒙的平衡會在上述這些時間點大幅變化。

48 如果髮量多到辮子編起來像注連繩

我很常聽到髮量多的人如此抱怨。

・綁馬尾橡皮筋會斷

・編成辮子看起來很像注連繩

因髮量稀疏而煩惱的人，聽到這番話想必羨慕不已。但髮量多的人，的確也有髮量多的煩惱。

髮量多的人可試著

・減少髮量（尤其是頭頂兩側最突出的部分與耳後）

這也是最經典的解決方案。

不然還可以試著

- 染成亮一點的髮色，讓頭髮看起來輕盈一點
- 留長頭髮，利用頭髮的重量讓頭髮變整齊
- 剪成短髮，讓人看不出頭髮很多
- 如果受損的部分很多，可以利用保溼類的護髮乳或造型劑整理。

這些都是不錯的方法。

無論如何，這些覺得自己髮量很多的人在超過四十歲之後，都會異口同聲地表示「以前超討厭頭髮這麼多——」（言外之意就是如今很慶幸頭髮還這麼多）。因為當身邊的人都在煩惱頭髮變得稀疏的時候，你還能保有年輕時的髮型。

髮量要由少變多是件難如登天的事，但要從多變少卻是兩三下就能解決的問題。

如果還很年輕，不妨一直告訴自己「總有一天我的時代會來臨」，然後利用打薄頭髮或是讓頭髮不再毛躁的護髮乳撐過去吧！

除了髮質之外，臉型也會改變

其實，臉型也會改變。當皮膚無法與重力對抗時，無論是圓臉還是長臉，最後都很容易變成鬥牛犬那種鬆垮垮的方形臉（哭）。

50

不過，不用太在意「適合的髮質與臉型」

前面聊了不少關於髮質與臉型的事情，現在才說這些可能有點奇怪，不過仍想提醒大家不用太在意髮型型錄或髮型書介紹的「理想髮質與臉型表」。

長年以來，我持續撰寫髮型專欄，關於這個項目，設計師通常都會說：「我不大會特別選擇髮質與臉型。」所以我經常都是窮追不捨地詢問：「這個，如果一定要說的話！一定要說的話，比較適合哪種髮質與臉型的人呢？」這才勉勉強強把表格做出來。

話說回來，沒有人會與髮型型錄裡的模特兒擁有相同的髮質、臉型與五官。所以髮量較多的人，就以髮量較多的剪法處理；頭髮會亂翹的人，則以會亂翹的方式處置。所謂的「適合」，端看設計師的思維。

51

髮型不一定要從髮型型錄選擇

應該有不少人即使看了髮型型錄，也因為都是年輕人的照片而沒有什麼靈感吧？

這時候不一定要參考髮型型錄，建議從雜誌的時尚專欄，或是喜歡的藝人的部落格或 Instagram 尋找喜歡的髮型。如果能找到不同角度的照片，應該會更容易想像髮型。

52

瀏海一公分相當於髮梢十公分的影響力

重要的事要說兩遍，如果想要改變形象，就改變瀏海以及臉龐附近的頭髮吧！只要改變瀏海，形象就會瞬間改變。讓我們了解各種瀏海帶給人的印象吧。

娃娃瀏海

流行、個性鮮明

眉上短瀏海

活潑、時尚、個性鮮明

中分

正統派、俐落、成熟

7:3分

女性化、柔和

8:2分

高雅、充滿女人味

將瀏海往上撥

性感、嫵媚

為什麼外國女性不留瀏海？

中央公論新社出版一本書名與此標題相同的書[1]。書中提到，外國女性（尤其是歐美女性）不留瀏海的原因是希望呈現成熟、性感的女性樣貌。在歐美女性的價值觀之中，不存在「想讓自己看起來孩子氣」的需求。

1 《なぜ外国人女性は前髪を作らないのか》，ISBN：9784120053856。

空氣瀏海

甜美、年輕

6：4分

自然、不受拘束

獨立成熟的女性能得到認同，這種文化真棒！希望日本也能崇尚這種文化。

54 「我不適合短髮」的誤解

有時候會聽到別人說「我不適合短髮」，但其實沒這回事。只有適合你的短髮與不適合你的短髮，鮑伯頭或中長髮也是一樣。

55 誰都適合留短髮

更進一步來說，短髮是適合各種臉型的髮型。

這是因為讓短髮符合臉型的重點很多，譬如瀏海、輪廓、重心、髮梢等等。

56 短髮的美妙歷史

一如可可．香奈兒讓女性從束腹解放，讓女性從浮誇髮型（將頭髮綁或盤成又大又蓬、髮量看起來很多的造型）解放的是維達．沙宣。在電影《羅馬假期》頂著一頭俐落短髮亮相的奧黛麗．赫本與一九六〇年代的象徵人物崔姬的影響下，留著短髮的女性逐漸被大眾接受。

爬梳歷史就會發現，短髮與「女性的性解放」也有相關。之所以到現在都還有「短髮等於俐落、酷帥」的印象，說不定是因為短髮給人一種「刻意選擇這種髮型」的印象。

57 選舉海報告訴我們的事

選舉的期間，我總是很在意海報裡的女性是什麼髮型。

原因出自女性議員的髮型，隨著區（市）議會議員↓都（縣）議會議員↓國會議員，有變得越來越短的傾向。

雖然這種說法還沒經過驗證，但我認為女性議員之所以這麼做，或許與他們被要求扮演的角色有關。

區（市）議會議員需要讓選民覺得很親切才能贏得選票，所以越是讓人覺得彷彿就像就住在附近，能幫助居民解決問題的議員，才越能得到選民的青睞，所以區（市）議會議員通常會留中長直髮到長直髮。

另一方面，國會議員或是擔任大臣的女性必須引領國家，到

了這個層級之後，這些女性的髮型也會越剪越短。擔任這類職位的女性通常需要展現所謂的領袖風範，也就是必須具備強悍、俐落的特質，或許也是因為如此，選擇以短髮展現這類特質的女性才會越來越多。

地位越高的女性越習慣剪短頭髮。當然，髮型的選擇或許也與議員的年齡有關係，不過上述的傾向真的讓人頗感興趣。

58 看起來很優雅的短髮

想利用短髮展現性感或優雅時，必須遵守下列三項原則。

①耳朵旁邊的頭髮不要剪太短，最好是能塞在耳朵後面的長度。

②後頸部的頭髮與脖子下緣切齊。

59 為什麼長髮比較「有女人味」？

另一方面，有許多人覺得「長髮＝充滿女人味的髮型」，但其實這也有其歷史脈絡。

或許大家在讀古文的時候有學過，在貴族時代的人們認為「頭髮長而豐實（髮量很多）是美女的象徵」。

此外，要讓頭髮長長就必須保養頭髮。能讓頭髮一直長長的女性代表有貼身侍女（照顧身邊大小事的人），換言之，就是養在深閨的千金小姐。

「會變得像男孩子」

到目前為止，聊了不少利用髮型的符號性調整自我形象的內容，但這裡要提出一個十分令人玩味的故事。

不久之前，某篇漫畫在「Twitter 引發話題。

某位住在美國的日本女性為了剪短頭髮而去美容院，沒想到設計師居然阻止他，並說：「如果頭髮再剪得更短，就會變得像男孩子。」

這位女性當天雖然接受了設計師的建議而回家，但改天另一位設計師就毫不猶豫地用電剪把他的頭髮一口氣推短，而他也非常喜歡這樣的髮型，覺得很開心。這段故事引起不少人的共鳴。

我覺得這段故事之所以能引發迴響，有幾個重點。

第一個重點是「如果沒有剪成適合自己心境（想剪的）髮型，就會留下遺憾」。

另一個重點是「不需要被頭髮具備的符號或形象所束縛」。

尤其在這個重視多元性的現代，長髮比較有女人味、面試時，髮色最好是黑色的、婚禮上最好把頭髮盤起來、學生最好留短髮、一把年紀就不要留瀏海……等等。

我覺得不被上述這些刻板印象束縛，選擇自己想要的髮型，也能讓內心得到解放。

每種髮型都有其個性與符號。我當然很建議大家利用這些個性與符號表達自我，但同時也覺得，不要反過來被這些符號的象徵意義給束縛住，這也很重要。

畫這篇漫畫的人提出了以下的結論。

「我真正嚮往的或許不是短髮，而是一直想成為（回歸）『自己』啊～」

容我重申一次，我覺得能跳脫性別的束縛，得到「符合心境的髮型」的人，就能「活出自我」，在人生的舞台發光發熱。

61 「越是身邊的人，越容易扯後腿」的法則

想要狠下心來改變髮型時，常會有人跟你說：

「咦？那種髮型很不像你耶！」

「不會太花俏嗎？」

這些人通常是身邊的人，譬如家人或伴侶。

這些人已經看習慣現在的你，所以「希望你不要改變太多」。

我常聽到有人在換了髮型之後，聽到家人或伴侶說：

「這髮型不大適合你耶」

「之前的髮型比較好看」

因而感到沮喪的故事。

但，我覺得這些人口中的「不大適合」只是因為他們「看不習慣」而已。第一次見到你的人，只會看到頂著新髮型的你，而這些人在跟你往來時，就會認為頂著新髮型的你就是「原本的你」。

所以想改造形象時，忽略周遭親友的意見也是不錯的選擇。

如果想打造一個全新的自己，就想想新的人際關係。這也是成功改造形象的祕訣喲。

62 別被討厭的人影響

我平常會對不同年齡層的人提供髮型諮詢服務，經常遇到有人問我：

「我要是留自己喜歡的髮型，在同為媽媽的朋友之中好像很突兀？」

假設我問對方「很突兀」是什麼意思？通常會得到太過花俏、會被帶頭的媽媽盯上，或被排擠，所以只能留大眾化的髮型。

不過我要問的是，只是因為你改變了髮型就排擠你的人，真的算得上是「朋友」嗎？

我明白有些人經歷了很多事，所以會覺得「現在的人生當中，我最重視的就是同為媽媽的朋友圈」。如果被這個朋友圈排擠會攸關生死的話，那麼在這個時候選擇低調的髮型，的確也是種生存之道。

不過當我問得更仔細之後，發現大部分都是「在這個朋友圈中被看不起，覺得很痛苦」或「很想離開這個朋友圈」的人。既然如此，趁著這個機會剪一個（有可能）會被他們討厭的髮型，不也是一個方法嗎？剪一個能讓你做自己的髮型，說不定反而會和稱讚這個髮型「很棒」的人，建立一段新的人際關係。

順帶一提，常有在諮詢之後換了髮型的人跟我說：

「換成自己喜歡的髮型之後，同為媽媽的朋友反而對我刮目相看，我也能更自在地待在這個朋友圈裡。」

我覺得你的人生不需要受那些想要控制你、攻擊你的人擺佈。

請為了自己選擇想要的髮型吧。

63 白頭髮可以遮蓋，也可以變得低調

把白髮染成黑髮是個不錯的選擇，但我的建議是，當白頭髮越長越多時，還不如乾脆染成亮色系的頭髮。

比方說，染成棕色的話，黑頭髮的部分會變成棕色，白頭髮會染成淡黃色，感覺就像是挑染一樣。塗在黑色色紙上的白色顏料雖然顯眼，但塗在米黃色色紙上的白色顏料就變得相對低調。

染成明亮的髮色之後，長長的白頭髮也就不會那麼突兀了。

64 放棄黑髮，燙捲或自己上捲就很好看

想呈現曲線的動感時，將頭髮染成稍微明亮的顏色比較看得出效果。髮色太暗時，會很難看出燙捲或自己上捲的髮流，

白白浪費了對頭髮的用心。

燙捲或自己上捲，哪種比較好？

覺得燙捲比較好的人

・想要頭髮輕盈靈活
・不那麼在意頭髮的光澤感
・不大會使用整髮器上捲

覺得自己上捲比較好的人

・希望頭髮有光澤
・想要頭髮的動作有整體感
・不覺得上捲很困難

・有時候也想留直髮

燙捲與自己上捲，最明顯的差異在於質感。若想要輕盈的質感，可燙成捲髮；如果想要水潤亮麗的質感，則可以用整髮器上捲。

66 長髮的髮梢不管剪了多少，都很難被人察覺

長髮的髮梢通常落在胸部附近，但這個部位通常不方便一直盯著看，對吧？所以留長髮的人就算修剪了十公分或二十公分，也很少會有人發現。

「明明剪了頭髮，結果男朋友（老公）居然沒發現！」千萬不要因此生氣喲。

利用臉龐的線條創造不同感覺的長髮

長髮是很難創造不同形象的髮型。若想改變形象，必須在瀏海或臉龐附近的頭髮多下工夫，或是乾脆染成另一種顏色。

68

鮑伯頭可利用髮尾的剪裁線創造變化

鮑伯頭（又名妹妹頭）原本是「髮尾剪齊的髮型」，所以只要改變剪齊的方式（剪裁線），就能營造不同的印象。

後低前高的剪裁線
→ 可愛的感覺

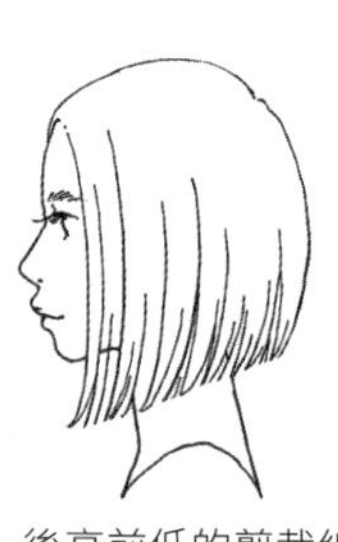

後高前低的剪裁線
→ 酷帥的感覺

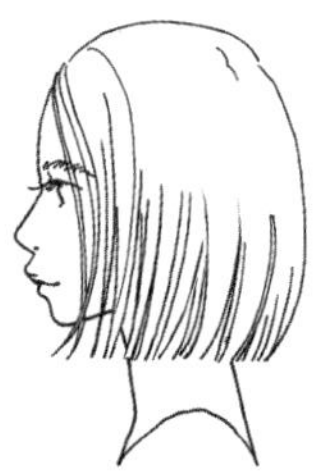

水平的剪裁線
→ 時尚的感覺

69

超受歡迎的「剪了不用整理」的造型

雜誌或 Instagram 常介紹的「剪了不用整理」的髮型就是將髮尾剪齊的髮型，幾乎等於 68 介紹的水平剪裁線。只要利用髮蠟強調髮尾的剪裁線，這種剪了不用整理的髮型就會變得很時尚。讓髮尾微微外翹，也是不錯的選擇喲。

70

不要當天預約

大部分的美容院都會在前一天營業結束或當天早上拿出預約名單，模擬一下要怎麼幫顧客做造型。若要預約的話，建議最好提早一天，設計師才能做好萬全的準備。

71 頭皮按摩不只是為了舒服而已

美容院的頭皮按摩除了可放鬆頭皮，還能去除洗髮精洗不掉的毛孔汙垢。

毛孔阻塞時，頭髮會捲曲或變細，所以只要把毛孔清乾淨，就比較容易長出又圓又粗的健康頭髮。

當然，按摩頭皮也能促進血液循環。

72 縮毛矯正、燙髮、草本染髮都要慎選設計師

縮毛矯正、燙髮、草本染髮都是能看出設計師功力的服務，一旦失敗（無論是心理還是頭髮）打擊就會特別大。

平常不會提供這類服務的設計師通常抱持著「能不做這類服務就不做」的心態，也不會自行提出這類服務，所以在技術

的落差上，會與常提供這類服務的設計師越拉越開。

基於這個理由，建議大家在需要這三項服務時，指定有在官網、部落格或 Instagram 宣傳自己「擅長縮毛矯正（或燙髮、草本染髮）」的設計師。

這與需要動手術的時候，會去常動這類手術的醫院求診會比較安心，是一樣的道理。

73 草本染髮無法走回頭路

草本染髮是色素滲入頭髮內部的染髮方式，一旦染過一次，在完全褪色之前，都無法以其他的染髮劑染色。換句話說，一旦決定使用草本染髮，就只能繼續使用草本染髮。建議大家最好先知道，這是一種無法走回頭路的染髮方式。

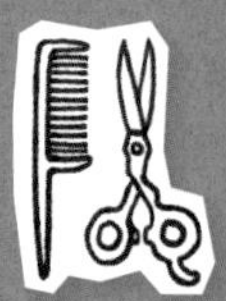

那些不知道該問誰的小問題，就在這章解決吧！讓待在美容院的時間變成一段舒適又有意義的時光。

CHAPTER 3

走進美容院
就要這麼做

74 就照著平常的樣子去美容院

我常聽到「去美容院時，最好穿著平常穿的服裝、化著平常化的妝」，我也贊成這個說法。

不過，這取決於你是以在學校或公司這類「公開場合」的自己為主，還是以假日這類「私下場合」的自己為主，評估之後再穿著適當的服裝去美容院即可。

如果不喜歡在假日的時候穿著套裝去美容院，只需要跟設計師說：「我們公司的氣氛比較嚴肅，規定得穿套裝上班。」設計師就會知道該怎麼做。

75 造型也保持平常的樣子就好

去美容院的時候，用不用造型劑都無所謂。

不過，若是第一次合作的設計師，不妨頂著平常的造型去美容院，讓對方了解你平常的髮型。

此外，如果你覺得自己不大會做造型，想請設計師給點建議的話，也可以先做好造型再去美容院。

76 去美容院之前洗不洗頭都沒關係

Q：去美容院之前，先洗頭比較好嗎？還是不要洗？

A：都可以喲（微笑）。

77 諮詢時，記得把口罩拿下來

好像有不少人是戴著口罩剪頭髮。然而，與設計師諮詢時，最好還是先把口罩拿下來。如果不知道臉部骨骼的形狀，很容易會剪出不合適的髮型。

78 讓口罩的繩子轉個圈交叉

去美容院的時候，可先讓口罩的繩子轉個圈。這麼一來，不管是剪頭髮的時候，還是洗頭的時候，口罩的繩子都不會成為干擾。

79 除了告訴設計師煩惱，還要說出想要的造型

與設計師諮詢時，大部分的人都會聚焦於髮質的問題，但除了這點，還要記得告訴設計師你理想中的形象。

因為就算是「想剪成短髮」，如果與你理想中的形象不同，剪法也會完全不一樣。

想看起來可愛一點

想展現自己的個性

想要變得又知性又性感

80 也要告訴設計師想剪某種髮型的理由

告訴設計師想要的髮型或形象時，也可以順帶說明理由。這是因為

① 說明理由會比較不那麼害羞

例如：「因為多了幾名屬下，所以會想呈現幹練的感覺吧！」

② 說明想要這種形象的理由，比較不容易讓設計師誤解

例如：「因為不想被上司看不起，所以想要呈現幹練的感覺吧！」

↓ 讓設計師知道該把你打造成稍微強勢的女性。

81

關於拿著照片去美容院很彆扭的心理障礙

我懂。尤其拿的是藝人的照片。

不過，若問一百位設計師，會有一百位設計師表示「非常歡迎客人拿著照片來」。因為能夠直接看到該剪成什麼樣子，

雙方也很容易達成形象上的共識。

82 照片最好準備三張以上

如果內心有想要的髮型，照片最好準備三張以上，設計師將更容易理解。

一如97頁的80所說的，若能進一步說明「為什麼想要這個髮型」的「理由」，最終的成果就不會與期待有所落差。

83 也要確認側臉的造型

如果剪的是短髮或鮑伯頭，除了正面的照片，也請務必讓設

計師參考側臉的照片。請設計師拿著髮型型錄跟你確認是比較安全的做法。

84 被問「後頸部這邊想剪成什麼樣子？」的最佳回答

短髮的人應該都曾被設計師問說：「後頸部這邊的頭髮想怎麼剪？」

這部分的頭髮大致上有兩種處理方式：

① 讓頭髮自然地垂下，與脖子切齊

② 往上推

不過，這部分的頭髮會亂翹的人其實不少，所以最好一邊看著髮型型錄裡的背面照片，一邊與設計師討論。

85 「臉龐附近」到底是指哪邊？

剛剛提到了後頸部，接下來要聊聊其他部分。

・臉龐附近的頭髮 ↓ 就是臉型線條附近的頭髮，其中也包含瀏海

・輪廓 ↓ 髮尾附近的剪裁線

・後腦杓 ↓ 下顎與耳朵的連線往後延伸的地方

・Top或頭頂 ↓ 頭部最高的位置

・頸窩 ↓ 脖子根部附近凹陷的位置

196頁的(196)將利用插圖進一步解說。

86 告訴設計師平常都怎麼做造型

讓設計師知道你平常在家是只吹乾頭髮，還是會加以吹整，

或是使用整髮器做造型，如此就能避免「無法在家重現相同的髮型」。

87

就算是「不容易做變化的髮型」也舒服

雜誌上常有「容易做變化的髮型，最棒」之類的內容。但其實有不少人覺得，頭髮最好像形狀記憶合金一樣，一切「照慣例」最好。

這意思不是用髮蠟抓成刺蝟頭，而是「不用花太多心思，每天都能維持相同髮型」。大概就是希望頭髮像不用送洗也不用熨燙的防皺襯衫一樣。

「能隨著造型改變氛圍的髮型」或是「兩用造型」，乍聽之下確實很有魅力。簡單來說，這種髮型就像是可正反兩面穿的衣服。每次聽到店員說「這件衣服可正反兩穿，買一件等於買兩件喲」的時候，總是會忍不住買下去。不過，就算買了可正反兩穿的衣服，也絕對只會穿同一面！久而久之，這件就不再是可正反兩穿的衣服，而是具有正反兩穿功能的普通衣服。

同理可證，我們也不需要每天換髮型。如果你希望頭髮容易整理，甚至什麼都不用做，無論怎麼把頭髮弄乾都「絕對能變成這個髮型」，那就毫不猶豫地剪個不容易做變化的髮型吧！

88 告訴設計師接下來的計畫

如果你打算留長頭髮，或是總有一天會想剪成鮑伯頭，不妨先跟設計師說，設計師也會依照你接下來的計畫選擇適當的剪法。

89 敞開心胸是變漂亮的捷徑

在美容院討論造型時，最重要的是「坦誠相待」。只要你先打開心扉，與設計師的諮詢或關於造型的溝通就會出乎意料地順利。

我之所以會發現這點，是因為曾有人給我建議，對方是訓練服飾銷售員服務態度的專家。

我曾向他商量過這樣的煩惱：「我很不喜歡在挑衣服的時候被店員打擾，這讓我有種非買點什麼不可的感覺，也很怕試穿之後不買會被當成奧客。」

結果他告訴我說：「關於這點，店員也是一樣呀。」

換言之，店員也會「擔心跟顧客搭話，會讓顧客覺得『被強迫推銷』」，總是戰戰兢兢地服務客人。所以，店員都很喜歡遇到會主動詢問的顧客。

我之前根本不知道是這樣……。

我以前走進服飾店的時候，全身都散發著「絕對不要跟我搭話」的氣場，但是當我聽了他這番話之後，便學著積極地諮詢店員的意見。

比方說，「我最近有點胖，這條長褲跟那條長褲，哪條看起來比較顯瘦？」當我這樣問之後，店員便出乎意料地設身處地給我建議。

我不禁感慨：「原來只要我主動一點，就能得到這麼親切的服務啊」。之前的我都會假裝在聽音樂，就算店員跟我說話也不理會，真的很對不起他們。

所以我才想到，在美容院的顧客與設計師之間，或許也存在著同樣的關係。「不想被推銷多餘的服務」「不想聊私事」，面對這樣武裝自己的人，設計師也很難搭話。

如果設計師遇到的是會主動說出「我想換成這樣的造型、有這樣的煩惱，該怎麼做比較好？」的顧客，一定比較容易給建議，也一定會想要知無不言才對。

別莫名地與設計師保持距離，而是要坦誠相待，如此一來，設計師也會覺得「這個客人很重要，我想幫他做些什麼」。

更重要的是，他們會提供各種解決頭髮問題的方案。

90 不擅長聊天可以不用聊天

有些人應該不大擅長與設計師聊天。有些預約網站的問卷或是美容院的諮詢表會有「想安靜地剪頭髮」或「想要開心地聊天」這類項目可以勾選，所以不擅長與設計師聊天的人，請記得勾選「想安靜地剪頭髮」。

如果沒有這類問卷，不妨跟設計師表明「不好意思，我這個人比較怕生」吧。

唯一要注意的是，在諮詢髮型的時候，一定要開口跟設計師討論。

91 美容院其實很像醫院

剛剛提到，坦誠相待是件很重要的事，大家不妨把美容院想像成醫院。

應該不會有人在被叫進診間後，聽到醫師詢問「今天有什麼不舒服的地方嗎？」的時候，回答「全交給醫師判斷」吧？告訴醫師什麼時候開始疼痛，以及是哪種痛感，醫師才有辦法正確地診斷，也才知道該開什麼藥。

美容院也是一樣。

請大家記得，把自己的情況說得越清楚，設計師就越能知道該怎麼幫你剪頭髮。不要怕麻煩，也不要覺得難為情，就敞開心胸接受設計師的建議吧。

92 當設計師說「這種髮型可能不大適合……」時

「想剪得清爽一點」↓「好不容易留得這麼漂亮，剪短真的太可惜了啦」

「我想狠下心染得亮一點」↓「這樣頭髮會受損喲」

我很常聽到很多人因此放棄想要的髮型。

前一陣子曾有一位四十幾歲的女性朋友，當他跟超過十年交情的設計師說：「我想像ＢＴＳ的 Jimin 一樣，染成一頭亮麗的銀色。」得到的回答卻是：「這樣頭髮會受損，最好不要這樣染。」

關於頭髮受損，確實也存在著「再繼續染下去，頭髮會脆化」這種物理上NG的情況。但如果不到這麼嚴重的話，嘗試看看又何妨。

「唉，好想染成那種髮色啊……」類似這種後悔的心情會一直揮之不去。有些人就算當下放棄，最後還是會因為「實在很想試試看！」而改請其他的美容院幫忙。

對美容師來說，他們很怕在替顧客大改造之後，聽到顧客反映「我覺得不好看」或因此被客訴。所以若真的想試試看，請記得跟設計師強調「不論如何，我都想試試看新造型」或是「頭髮受損也沒關係，我就是想試試看」。

前述的這位朋友最後換了間美容院，髮色順利染成Jimin的銀色。他在染髮的美容院染好頭髮後，立刻傳了照片給我，照片裡的表情看起來非常地開心。

93

就算頭髮受損又何妨？

剛剛提到「就算頭髮受損也想試試看」，因為我覺得不一定每個人都要追求一頭亮麗的秀髮。

比方說，燙成一頭亮麗捲髮的人，頭髮的質感與其說是光澤亮麗，不如說是蓬鬆輕盈。而人氣髮型排行榜前幾名的藝人或女藝人，頭髮的質感也不一定亮麗有光澤。

最近有不少人想要染成 NiziU 那種粉紅色或紫色的髮色。染成這種顏色的話，頭髮當然會有一定程度受損，但也能換到許多好處，例如變得更俏麗，或是覺得自己變得更棒、更有自信。

總之，亮麗的秀髮不是唯一的答案。

94

一定要先告知一頭黑髮是染的

如果曾經為了找工作或是想要蓋住白頭髮而染成黑髮，又或者是曾在家裡自己染頭髮，記得要告知設計師這些事。尤其一頭黑髮是染的時候，一定要先告知設計師，因為得先「褪去黑色」才能染成其他的顏色（要讓黑色褪掉可是一大工程）。就算是居家染髮，也要先告知設計師。

如果現在的髮色與原本的髮色不同，一定要跟設計師說清楚，否則很難染成想要的顏色，頭髮也有可能會更加受損。

95

容易染色與不容易染色的頭髮

一般來說，又細又軟的頭髮、常常染色的頭髮、受損的頭髮比較容易染；又粗又硬、沒燙染過、健康的頭髮比較難染。

96 不要利用染髮色卡選擇染髮的顏色

在美容院染頭髮的時候，最好不要從染髮色卡挑選顏色與亮度。一如我們無法從十公分見方的碎布窺見窗簾的全貌，我們也無法從十公分的髮束想像頭髮染好之後的成果。想要確認染髮的亮度時，可問問設計師「能比那個人的髮色亮一點嗎？」之類的，以美容院中的某人的髮色做為諮詢的基準，就比較不會失敗。

97 讓肌膚看起來更漂亮的髮色

髮色就像是打粉底一樣，如果想讓肌膚看起來更漂亮，即使都是棕色粉底，黃底肌的人也該選擇橘棕色，藍底肌（粉色肌）的人則該選擇粉棕色等。

98 如果想讓頭髮看起來更輕盈，一律選擇冷色系的髮色

想讓頭髮看起來亮麗就選暖色系，想讓頭髮看起來輕盈就選偏灰或偏霧等冷色系。冷色能抵銷日本人特有的偏紅髮色，所以想讓髮色變得更像歐美國家的人，冷色系是唯一選擇。

99 染髮劑分成兩種

除了顧客是第一次染髮的情況，美容院替顧客染髮的時候，通常會以不同的染髮劑替髮根（新生髮）與其他部分的頭髮（既染髮）染色。

新生髮同時需要脫色與染色，因此採用較強的藥劑；既染髮則因為已經脫色過了較容易上色，所以會用相對溫和的藥劑。

不過，有時候也會在髮根與髮尾使用同一種藥劑，但停留不同時間。有時也會因為頭髮的狀態，而只以一種染髮劑染色。

100 髮根補染是什麼意思？

指的是只替新長出來的部分染色。每次的價位會比整頭染還便宜，也比較不會對頭髮造成傷害。

我通常是每兩個月補染一次，每染三次會有一次整頭重染。

可隨時去染頭髮的染髮優惠券

順帶一提，有些美容院會提供全年可使用的染髮優惠券。

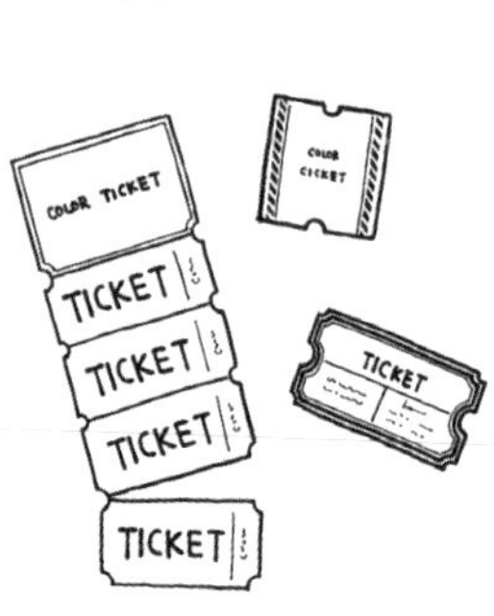

102

眉毛的顏色也是問題

把頭髮染成亮色之後，黑色的眉毛有時會變得很突兀。有些美容院會提供染眉毛的服務，可以試著問問看。最近也有美容院會銷售配合髮色的染眉膏。

103

亮色挑染與暗色挑染

亮色挑染就是比基色更亮的挑染，暗色挑染則是比基色更暗的挑染。

104

錫紙挑染、編織挑染與一般挑染

亮色挑染與暗色挑染的方法，大致分為兩種。一種是錫紙挑染，也就是片狀分區挑染的方式；另一種則是編織挑染，也就是染色面積細如縫針的染色方式。錫紙挑染的顏色比較跳，看起來比較有個性；編織挑染的明暗對比較為自然。

另外還有一般挑染（mèche），也就是局部染色的染髮方式。錫紙挑染或編織挑染通常是均等上色，一般挑染則通常是染局部重點。

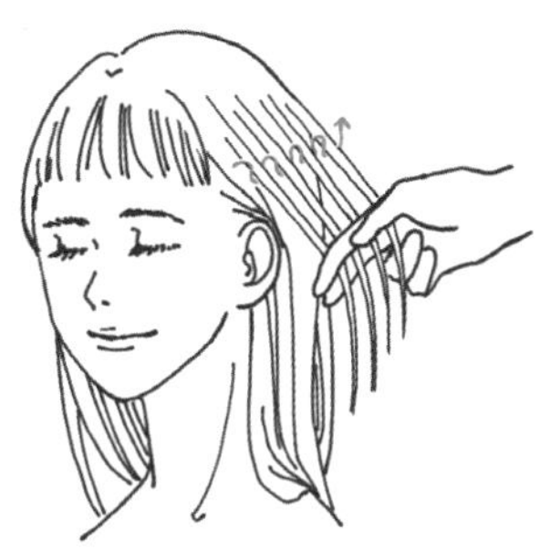

編織挑染

替較細的髮束染色。

顏色會是「線狀」的。

錫紙挑染

替較粗的髮束染色。

顏色會是「片狀」的。

漸層染與手刷染

漸層染是指顏色從髮根到髮尾越來越亮的染髮方式。最近常在價目表上看到的手刷染則是「用刷子刷染」，指的是在漸層染較暗的部分挑染。

皮膚敏感也能染髮嗎？

如果每次染完頭髮後，頭皮都很癢或發炎，請務必與設計師商量。

有時可透過一些技術解決這個問題，比方說不讓染髮劑碰到頭皮或是不染髮根，也可以改用有機染髮劑。

要注意的是，大部分的染髮劑都含有「對苯二胺」這種成分，有些人會對這種成分過敏，所以這類人應該盡量避免接觸染髮劑。這時候可問問設計師，能不能換成短效染髮劑（hair manicure）或草本染髮。話說回來，很多人不知道草本染髮也有過敏的問題。

107 解決一下子就褪色的方法

要請大家記住的是，如果選擇以漂染的方式褪去原有的髮色，之後當頭髮褪色時，頭髮就會變成漂染時的黃色。為了避免這點，最近市面上出現了護色洗髮精。我自己也是漂染再挑染，所以才選擇使用護色洗髮精，也因此染好的顏色可以維持好幾個月。

108 其實燙髮超有用！

燙髮其實有很多用途。

①讓頭髮捲曲或呈現波浪

②讓髮根立起來，增加分量感

③調整髮流（例如調整瀏海的方向）

④改變頭髮的質感（讓直髮變得柔順）

增加分量感或改變頭髮質感的燙髮，幾乎都不會讓頭髮變得捲捲的。

可以燙髮的部位、看起來顯老的部位

將頭髮燙出弧度或燙成波浪時，要特別注意在耳朵上方的情況。燙髮的部分如果容易變得太蓬，或是臉龐附近出現捲毛，看起來容易顯老，所以一定要與設計師充分溝通。

為了增加髮量或改變頭髮質感，通常會在頭頂、後腦杓或瀏海這三個部位燙髮。

110 很多人不知道波浪髮與捲髮的差異

波浪髮的形狀是S型，捲髮的形狀是J或C型。頭髮得留到一定長度，才有辦法燙成波浪髮。

C型捲髮

髮尾微微捲成C型的C型捲髮。這種髮型能營造活潑、積極的印象。短髮的髮尾很適合採用這種燙法。也可以利用整髮器燙出弧度，但也可以改用離子夾燙出形狀。

S型的波浪髮

華麗的S型波浪髮。為了燙出波浪的線條，頭髮必須有一定的長度。

J型捲髮

髮尾的捲翹程度不如C型捲髮那麼捲。這種髮型比較有女人味。不剪出層次就無法捲得很漂亮，所以想要燙成J型捲髮的人，請記得提醒設計師「要剪成比較容易燙捲的髮型」。

111 燙直與縮毛矯正

這兩種燙法各有不同的功能。

・燙直是為了拉直頭髮以及讓頭髮不要翹得太嚴重的方法（利用梳子梳直頭髮）

・縮毛矯正是讓自然捲變直的方法（利用離子夾燙直頭髮）

112 冷燙與熱塑燙

・冷燙是傳統燙法，可在頭髮溼溼的時候將頭髮燙得捲捲的

・熱塑燙是在髮捲接上電極，再利用熱能讓頭髮變捲的方法。可在頭髮乾燥的時候，讓頭髮變捲

順帶一提，空氣波浪捲燙、溫塑燙都是熱塑燙的商品名稱。這些商品各有特徵，可視想要的髮型與髮質使用。造型的方

式也不同，大家不妨向美容師請教。

113 在美容院保養頭髮為什麼這麼特別？

設計師曾告訴我：

「若把頭髮比喻成海苔捲，家用的護髮乳只能滲透海苔的部分，美容院的護髮乳則可浸透到白飯、食材的部分。」

114 如果覺得護髮乳的效果不夠持久的話

如果你覺得在美容院護髮後，效果都無法持久，有可能是因為護髮乳與家裡的洗髮精不搭。所以，不妨連在家裡使用的護髮產品都與設計師討論。

115 頭皮按摩與護髮

簡單來說，

・頭皮按摩↓頭皮保養

・護髮↓保護頭髮

116 要注意「想變得輕盈」這件事

最常聽到的剪髮失敗例子就是「想剪出輕盈感，卻剪成稀疏感」。

若想剪出輕盈感，其實有各種解決方法，譬如：

・減少髮量

・讓頭髮飄逸

・染成亮色系的髮色
・在臉龐附近營造通透感

所謂的輕盈是想要實際減少髮量，還是只要看起來變輕即可。請連同這部分都告訴設計師。

117

說明瀏海方向的理由

頭髮有由短往長的部分長長的性質。因此，在設計瀏海時，設計師會往預設的頭髮走向越剪越長。想要留瀏海的時候，記得跟設計師說頭髮要從哪邊留往哪邊。

118 灰髮很挑人

近年來，很多人都喜歡灰髮。我覺得「珍惜自己原本髮色」的灰髮是很棒的理念，能夠正面看待白髮。但，要長出一頭漂亮的白髮可是很花時間的。

建議大家請教設計師「要多久才能長出一頭白髮」，再開始留白髮。畢竟要留出一頭白髮的機率，其實不高。

順帶一提，我的祖母擁有一頭如雪般白皙的白髮。我的母親也很嚮往那樣的白髮，所以一直沒有染頭髮，可是過了五年還是十年，都只有臉龐附近長出白髮，最後只好染了頭髮。如果在雜誌上看到很漂亮的灰髮，那麼白髮的比例至少是在百分之六十~八十以上。不灰不白的時期很難熬，建議可戴

假髮，或是染成亮色的頭髮，讓白髮變成一種挑染的效果。

119 先詢問做造型的方法

如果沒辦法在家裡重現設計師幫忙設計的造型，那麼難得的造型就失去意義。該怎麼做造型，又該使用哪種造型劑，請務必先向設計師請教。

因為大部分的人一年差不多有三百六十天都是自己做造型。

120 盡可能買造型劑

如果設計師推薦了造型劑，建議大家購買。

雖然美容院推銷的造型劑會比藥妝店還貴，但通常比較適合你的髮質與髮型，用起來會比較安心。造型劑算是比較長效的產品，所以將這類產品當作維持髮型的投資，應該就會覺得划算吧。

如果是在藥妝店購買，可請教設計師該購買哪種類型的造型劑較適合，比方說是該買偏硬、偏軟還是內含纖維的產品。

121 問問髮型能維持多久

記得問設計師，這個髮型大概可以撐多久。

122 美容院通常在三月與十二月很多人預約

這兩個時期是美容院特別忙碌的時候，所以預約要趁早。最好能像看牙醫那樣，在接受服務的時候預約下一次。有些美容院甚至會提供預約優惠。

電話預約比較有機會（吧？）

就算網路預約已滿，也可以試著打電話預約，有時反而有機會約成。這是因為網路預約通常不會開放所有名額。

2 日本的年度從四月起算，所以四月通常是開學、新工作或新職位開始的月份，至於十二月則有相當於尾牙的忘年會活動。所以若以台灣的習慣來看，相當於九月開學前或農曆新年前。

124 換設計師會有一定的風險

我們的頭髮都留有前一位設計師剪過的痕跡。所以換設計師的時候，最好不要只憑第一次的結果判斷優劣，因為第一次一定會被前一位設計師的剪法影響。

125 遇到好設計師的祕訣

如果覺得朋友的髮型很好看，就問他是哪一位設計師剪的，並指定同一位設計師，而預約時也最好跟設計師說「我是○○小姐介紹的」。

之所以要這麼做，理由是

①能讓設計師知道，具備能夠剪出「你喜歡的風格」的技術。

②設計師會更重視轉介的客人。

設計師曾告訴我說：「我們不會對顧客大小眼，但如果不盡力滿足由其他客人轉介的客人，豈不是會對不起幫忙轉介的客人，所以還是會特別用心。」

既然都請朋友介紹了，就讓設計師好好服務你吧。

126 瀏覽IG的話，要確認這個部分

建議大家透過美容院的 Instagram 確認「上門的顧客剪得好不好看」。如果能有 Before 與 After 的照片，就能看出設計師的技術。

如果美容院放的是模特兒的造型照，有可能這位模特兒並未實際接受剪髮或染髮，只是做造型而已。

127 找到擅長剪短髮的設計師

短髮是很容易分辨設計師功力的髮型。

常在社群網站貼出短髮作品的設計師通常很擅長剪短髮，有些人甚至會在使用者名稱或自己的名字加上「短髮」「剪短髮」宣傳自己的專長，所以應該不難找到擅長剪短髮的設計師才對。

128 不同流派？還是自由派？

話說回來，最近日本很流行「自由沙龍」或「空間出租沙龍」這類美容院。

舉例來說，假設店裡有十個剪頭髮的位子，每個位子都有簽約租借的設計師。所以就算是在同一間美容院工作，從使用的染劑到剪法都完全不同。

因此，若想請朋友介紹設計師，最好直接問到設計師的名字，而不要只問到是哪一間「美容院」。

129 訂閱制美容院

有些美容院也像 Netflix 或 Apple Music 一樣，提供可無限次數使用的月額制訂閱服務。

只要使用這類服務，就能每天去不同的美容院洗頭與護髮（有些服務甚至包含造型或染髮）。

要去新的美容院是需要勇氣的，所以不妨利用這種服務找到中意的設計師。雖然這類服務目前只有都會區才有，但之後應該會在日本全國普及。

130 去別間剪會被發現嗎？

設計師告訴我，哪怕只是剪了五公分，也能看得出來。換句話說，會被抓包。

131 去別間剪之後，可以回到原本的美容院剪嗎？

話又說回來，雖然會被抓包，但其實改去其他美容院也沒關係喲。有時候就是會想要換個造型，所以也會想換個設計師對吧。

如果覺得前一位設計師比較好，再換回來也沒關係。要是設計師聽到「果然還是非你不可」，似乎會比過去更用心服務。

132

對設計師難以啟齒的事

有位雜誌記者說：「我這七年都去同一間美容院，但每次都覺得設計師把我的頭髮剪得太短。」

這位記者的髮型是俏麗的短鮑伯頭，但他每次剪完的第一個月都不滿意，差不多要等到一個月之後，才覺得頭髮的長度是他想要的。

我問他：「你沒跟設計師講這件事嗎？」結果他告訴我：「就算是長期光顧、彼此了解的設計師，要講這個還是需要勇氣，如果真的非講不可，倒不如換間美容院還比較輕鬆。」

其實，這不是我第一次聽到這種情況。

我發現很多人為了避免傷了感情，越是長期往來的設計師，越是無法對他們說出微小的不滿。我也曾經遇過有人這十年來都交給設計師剪同樣的髮型，結果無法開口告知設計師

「我對這個髮型有點膩了，請幫我換個造型」，因而煩惱。他覺得與其告訴設計師這件事，讓設計師受傷，還不如換間美容院。

不過……。好不容易遇到能夠信任，持續合作七年、十年的設計師。如果可以的話，最好還是在換新的設計師之前，告訴原本的設計師現在的想法。

我知道這很尷尬。

不過，請大家稍微想像下列的情況。

如果你有一位喜歡的人，並且正在交往。

對方幾乎喜歡你的一切，但只有一個地方無論如何他都很難接受。

比方說，他希望你蓋上廁所馬桶的蓋子。

如果他覺得「告訴你這件事，有可能會傷害你，所以乾脆跟

你分手，找下一個對象」的話，你一定會覺得
「幹嘛這樣，這點小事，如果說了我就立刻會改啊！」
「明明我對這件事也沒什麼意見，馬上就能改掉！」

所以設計師說不定也心想
「原來你覺得太短啊！那下次不要剪那麼短好了！」
也有可能是那位記者曾跟設計師說過「我工作太忙，很難找時間來剪頭髮」，所以設計師才想幫他剪得短一點，讓他就算一陣子不剪也無所謂。

不管如何，我想只要若無其事地說：
「我覺得上次剪完，過了一個月之後的長度變得很剛好，能不能幫我剪得比上次還要長一點呢？」
就能解決問題才對。
這時候的重點在於不要說得好像很抱歉。這是我向臨床心理

師學到的，如果自己邊說邊覺得尷尬，對方也會受到你的情緒感染而變得尷尬。所以訣竅就是大大方方地說出來！

洗澡的時間，就是養出一頭秀髮的時間。

這一章將為大家介紹讓髮質變好的祕訣。

CHAPTER 4

淑女的洗髮心得

133

洗頭要在早上還是晚上？

常有人問我這個問題，我的答案永遠都是「晚上」。

①晚上洗頭比較好的理由

在頭皮洗乾淨的狀態下睡覺↓比較容易長出健康的頭髮。

②避免早上洗頭的理由

早上洗頭會將睡覺時頭髮分泌的皮脂洗掉↓相當於在頭皮毫無防備的狀態下外出。

據說，日本人「每天洗頭」的比例很高。雖然日本是氣溫很高、溼氣很重的國家，但只要沒流太多汗，或是頭髮沒那麼髒，其實可以不用勉強自己洗頭。

134

確認頭髮受損程度的方法

大家可以試著將幾根弄溼的頭髮纏繞在手指上，如果頭髮會自行鬆開，代表頭髮很健康。如果頭髮就這樣纏在手指上，則代表蛋白質的結構鬆垮，也是頭髮受損的證據。此時最好降低染髮與燙髮的頻率。

135

家裡每個人都應該有自己的洗髮精

男性與女性的頭皮油脂不同，女性若使用能夠確實洗淨皮脂的男性洗髮精，有時候會洗掉太多皮脂。反之，熟齡女性專用的洗髮精對小孩或男性而言可能過於滋潤。如果不希望價值不菲的洗髮精被老公大用特用，可以跟他說：「這款洗髮精不大適合男性的頭皮，對頭皮不大好喲。」

大部分的人應該都會因為害怕「增加掉髮」而不再使用。

136 解決先洗身體還是先洗頭的問題

頭髮溼答答的時間越短越好，所以很多人認為「先洗澡，最後才洗頭」最好。但就設計師看來，這個順序根本沒什麼差別。

話說回來，有些女性很在意背上長痘痘，有人認為這些痘痘是洗髮精與護髮乳造成的，所以先洗頭再洗身體似乎比較好。

137 洗髮精與護髮乳要用同一個產品線？

若問洗髮精與護髮乳是否要使用同一個產品線（同一個品牌）比較好，其實也不盡然。

如果覺得自己的頭皮很乾燥，洗髮精可選用保養頭皮的類型，護髮乳則使用以保溼為訴求的款式，兩者的品牌或產品線不同也沒關係。

然而，洗髮精很難選到適合的。有時候甚至會因為髮質的關係，而選到效果幾乎完全相反的洗髮精。洗髮精是每天都會使用的東西，千萬不能隨便購買。最理想的方法就是請教設計師。順帶一提，就算沒有預算購買美容院的洗髮精，也可以先說清楚，再請教設計師喲。

138 保溼？清爽？洗髮精該怎麼挑？

洗髮精與護髮乳都會在包裝註明保溼、光澤、清爽、蓬鬆這類效果。

基本上，可以請設計師幫忙挑選適合的洗髮精，但接下來要介紹一些自行挑選時的標準。

・保溼或光澤

↓保溼成分多半容易留在頭髮上，避免頭髮乾燥。

↓頭髮容易亂翹、受損或乾燥的人，特別適合這類產品。

・清爽或蓬鬆

↓保溼成分比較不容易留在頭髮上，每根頭髮都會變得輕盈，髮量看起來會變多。

↓適合髮量較少、頭髮細軟的人使用。也適合髮量較多，頭髮健康的人使用。

139 讓設計師「眉頭一皺」的瞬間

如果常客的頭髮突然受損，通常是因為

①換成不適合髮質的洗髮精
②開始去海邊或游泳池
③頭髮有機會曬到大量紫外線

如果是第一次來的顧客的髮質受損，除了上述的理由，還有可能是

④吹乾頭髮的方式不正確
⑤之前曾接受一些會讓頭髮嚴重受損的服務
⑥自己在家裡染頭髮

140 比起護髮乳，洗髮精更應仔細挑選

若問洗髮精跟護髮乳哪個比較重要，答案當然是洗髮精。前面曾經提過，頭髮是死掉的細胞，但頭皮是活著的組織，所以洗頭皮的洗髮精當然要更加重視。

進一步來說，洗髮精的價差源自洗淨成分的品質差異。價格越高的洗髮精，通常使用的成分的成本也越高。

相較之下，價值不菲的護髮乳與平價的護髮乳，成分就不會像洗髮精有明顯落差。如果預算有限，應該以洗髮精為優先。

141 洗髮精也有使用期限

尚未開封的洗髮精通常可保存三年；開封之後，最好在半年到一年之內使用完畢。浴室是高溫潮溼的環境，所以洗髮精

很容易變質。如果會有一陣子用不到，就放在浴室之外的地方吧。

尤其是不含防腐劑或保存劑的有機洗髮精，更是不要一口氣買好幾瓶。

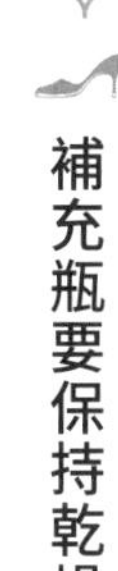

142 補充瓶要保持乾燥

如果將熱水倒入瓶子裡，稀釋殘留在底部的洗髮精或護髮乳，建議當天就該用完。當要補充新的洗髮精的時候，記得把瓶子洗淨、晾乾，否則水分會影響洗髮精的成分。

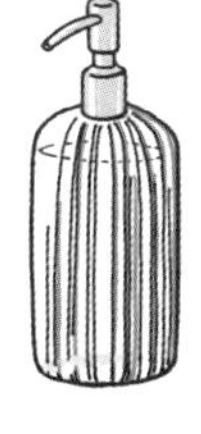

143

「洗髮」其實是「洗頭」

洗髮精是清潔頭皮的產品，而不是清潔頭髮的產品。「洗髮」應該改成「洗頭」或「洗頭皮」才對。要是以為洗髮精是洗髮的產品，反而會傷害頭髮。

梳髮的建議

在洗頭之前，最好先梳一梳頭髮。

①梳掉黏在頭髮的灰塵與汙垢

②梳開糾結在一起的髮尾

是主要的目的。

145 根據用途選擇適當的梳子

建議大家養成平常梳頭的習慣。

①梳頭可以按摩頭皮，讓臉更緊實

②頭髮會變得有光澤

③避免頭髮糾結

可依照①～③的目的選用梳子。

①按摩頭皮的梳子

↓（頭髮乾燥的時候使用）氣墊梳（Cushion Brush）、按摩梳（Paddle Brush）

↓（頭髮潮溼的時候使用）洗髮梳（Shampoo Brush）

②梳出光澤的梳子

↓豬毛類的梳子

↓拓植櫛

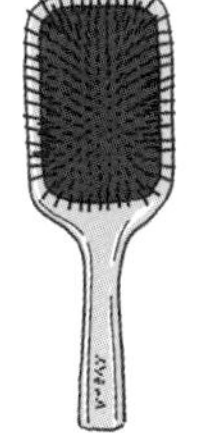

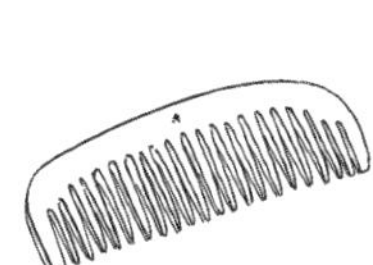

③ 避免頭髮打結的梳子

↓ 長齒與短齒混在一起的梳子

146

只用熱水洗頭就能洗掉大部分的油垢

使用攝氏38度的微溫熱水洗頭兩分鐘，接著抹上洗髮精。光是熱水洗頭這道步驟（預洗），就能洗掉七成的皮脂。

在抹洗髮精之前，先用熱水洗頭，洗髮精也比較容易起泡，用量相對較省，而且也不用一直搓洗，能夠減輕頭髮的負擔。大家可以想像成頭皮的汙垢因為熱水而脫落，並且被洗髮精的泡泡包起來沖掉。

有些人只以熱水洗頭，不會另抹洗髮精，但如果皮脂量較多

的人只用熱水洗頭的話，皮脂容易堵住毛孔，建議這些人偶爾仍須使用洗髮精。此外，只用熱水是洗不掉造型劑的喲。

147

洗髮精要在耳後搓出泡泡

如果為了搓出泡泡而搓洗頭，會讓頭髮受傷。為了避免這點，建議先徹底淋溼頭髮（參考152頁的146說明）。此外，也可以先在耳後這一帶的頭髮（髮根的部位）搓出泡泡，因為這個區塊的髮量較多，平常也比較不容易摩擦（比較不容易受損）。

148 水溫務必保持在攝氏38度

以太燙的熱水洗頭會造成頭皮與頭髮的負擔，建議大家將水溫控制在微溫的攝氏38度。尤其是有染髮與燙髮的人，更是應該如此。

有些人因為在意頭皮屑或是頭皮癢，而用較燙的熱水用力搓洗，但其實這樣會造成反效果。

149 利用護髮乳洗掉造型劑

如果造型劑抹得太多，洗頭時可先淋溼頭髮，再抹上整頭護髮乳，等到護髮乳滲入頭髮後沖掉，之後再回到原本洗髮精↓護髮乳的順序。

150

洗頭時，不要低著頭

洗頭的時候，盡可能仰著頭。否則臉與脖子的皮膚容易變得鬆垮。

151

按摩頭頂的頭皮

請把洗頭想成頭皮按摩，專心地用手指推動頭皮吧。尤其要好好按摩額頭到兩側這一帶以及血液循環較差的頭頂，因為這麼做可讓臉部變得緊實以及讓血液循環變好。

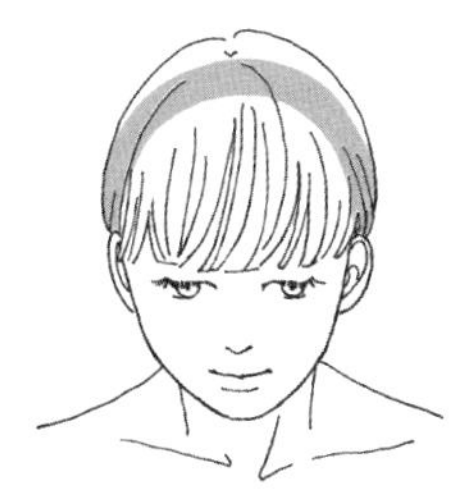

152

推薦電動按摩器

最近按摩頭皮的電動按摩器很受歡迎。我也有一台，不僅能在泡澡時使用，還能充分按摩頭皮，因此相當推薦。

153

直接在耳後沖水

沖掉洗髮精的時候，耳朵後面很容易殘留洗劑，建議最好直接將蓮蓬頭抵在這裡沖水。

154

在護髮之前要先擠乾水

如果在溼答答的頭髮抹上護髮乳，護髮乳會因為頭髮已經吸飽水分而無法滲透，所以記得要先用手輕輕地擠乾水再抹護髮乳。

155

護髮乳常常無法附著

據說我們的頭髮大概有十萬根。如果只是將護髮乳擠在手上，再隨手抹在頭髮的話，大部分的頭髮都沒抹到護髮乳。建議大家選一把梳齒較鬆的梳子，讓護髮乳順利附著在每根頭髮上。

156 使用護髮乳的重點在於「時間」不在「分量」

護髮乳不是以量取勝的產品。使用的重點在於時間，不在於分量。一如前面提到的，盡可能讓更多頭髮接觸到護髮乳，才是正確的使用方法。時間允許的話，建議大家抹完等待十五分鐘後才洗掉。

157 潤髮乳與護髮乳的差別

潤髮乳可在頭髮表面形成一層油膜，避免頭髮變得乾澀，摸起來也會滑順許多。護髮乳也有相同的功能，而且還能修護頭髮受損的部分。至於護髮素與髮膜，則是在特別在意頭髮受損的時候，當成特別養護的產品使用。

如果要同時使用這類產品，建議先抹護髮乳（或護髮素、髮膜），等到效果產生之後，再利用潤髮乳替頭髮上一層油膜。

改善髮質的特別養護

想要替頭髮進行特別養護時，可以這麼做。

①抹完護髮乳之後，利用熱騰騰的毛巾包住頭髮，經過一段時間再洗掉

②抹兩次護髮乳（洗髮精＋護髮乳＋護髮乳）

第一次的護髮乳要從髮根抹到髮尾，第二次的護髮乳則以髮尾為主，如此就能集中養護容易受損的髮尾。

③將沖掉護髮乳的熱水蓄在洗臉台，將這些熱水再一次淋到頭髮上，再將頭髮沖乾淨。

159 洗掉護髮乳很浪費？

如果護髮乳沒沖乾淨，護髮乳的油分就會殘留在頭皮的毛孔，可能造成頭皮問題或掉髮。所以就算覺得沖掉護髮乳很可惜，仍請務必沖洗乾淨。

160 矽靈不是不好的成分

有關矽靈的爭辯由來已久，但現在「矽靈沒有安全疑慮，是讓頭髮保持柔順的最佳方法」的說法，似乎已經成為主流。

161

那，為什麼無矽靈洗髮精會流行？

雖然這麼說有點露骨，但這應該是行銷策略的一種。

我不會說無矽靈的產品不好，但如果覺得自己的頭髮很乾澀或是嚴重受損，換回有矽靈的產品也沒什麼不好。

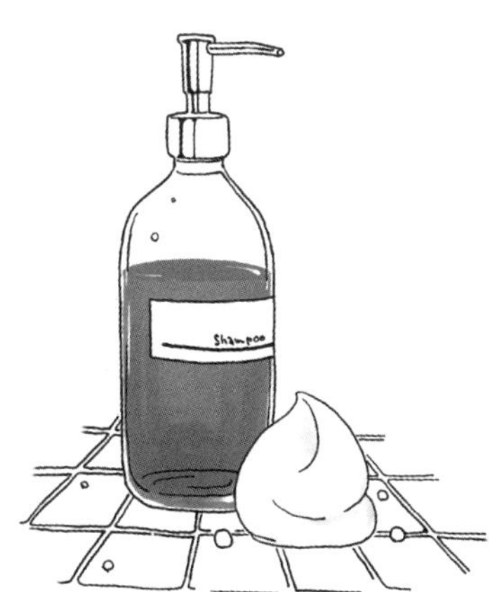

頭髮溼溼的狀態是頭髮最脆弱的時候，所以吹乾頭髮的步驟才那麼重要。如果弄錯順序，頭髮可是會加速受損的，所以現在就來看看吹乾頭髮的方法吧。

CHAPTER 5

站在洗臉台前面
也不再猶豫

162 洗好澡後，頭髮與皮膚的優先順序

我很想勸大家在擦化妝水之前先把頭髮吹乾這件事。不過，就算退一百步講，也建議大家在擦完化妝水之後，立刻吹乾頭髮。溼頭髮的毛鱗片是開著的，很容易受損，所以盡早吹乾才是正確的做法。

163 半溼不乾是細菌叢生的溫床

如果頭髮沒吹乾就睡覺，很容易滋生細菌，頭皮也會發臭，所以請務必吹乾頭髮才就寢。

164

護髮乳分成兩種

護髮乳分成兩種，一種是在洗澡時使用，需要沖乾淨（In Bath Treatment），另一種則是免沖洗（Out Bath Treatment）。

165

使用免沖洗護髮乳的時間點

免沖洗護髮乳要在以毛巾擦乾頭髮後（頭髮不會滴水的狀態），利用吹風機吹乾頭髮前使用。這時候請避開髮根，從中間抹到髮尾即可。

166

禁止像運動員一樣用毛巾用力擦乾頭髮

正確地使用毛巾擦乾頭髮，就能夠減少用吹風機吹乾頭髮的時間。

話又說回來，千萬別像男性運動員一樣粗魯地用毛巾搓乾頭髮。毛巾是用來擦乾頭皮，而不是用來擦乾頭髮的。

請先像是把髮根撥鬆般擦乾頭皮的水分，接著用毛巾輕輕地夾住頭髮的中段到髮尾，把水分擦乾。

禁止用毛巾包住頭髮

有些人會在頭髮還溼溼的時候，把毛巾當成頭巾包住頭髮。

但這樣會壓扁髮根，容易導致髮根亂翹，必須注意。要讓亂翹的髮根恢復原狀，就得再把頭髮淋溼一次，豈不是事倍功半、自找麻煩嗎？

168 依照髮根↓髮梢的順序吹乾頭髮

頭髮要從髮根吹乾。請先從最難吹乾的後髮際開始。至於頭頂到後腦杓，只要邊吹邊撥鬆頭髮，就能將髮根吹蓬，容易展現蓬鬆感。

如果瀏海與臉龐附近的頭髮總是亂翹，可以邊撥鬆這兩個部分的髮根邊吹乾，之後再吹乾後髮際的頭髮。

只要吹乾頭髮，頭髮就不會亂翹，所以一定要先吹乾最容易亂翹的部分的髮根。

正確的吹乾方式

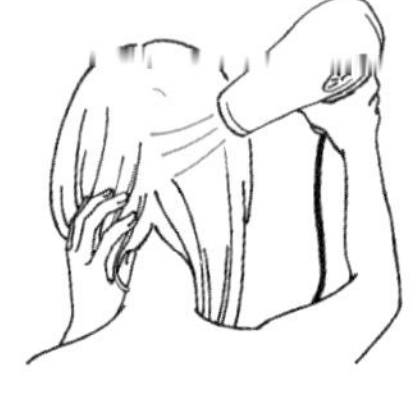

① 利用吹風機吹乾後髮際的頭髮

② 側邊的頭髮從髮根開始吹乾

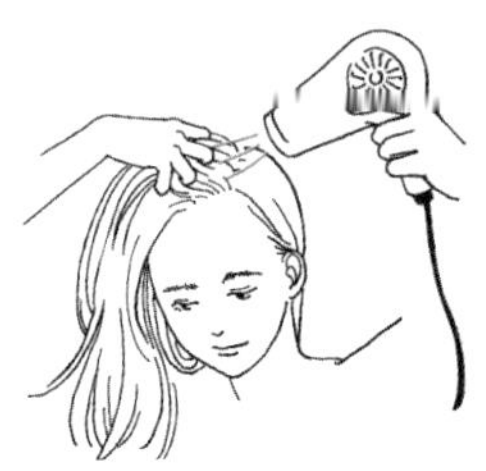

③ 頭頂的頭髮邊吹乾邊撥鬆髮根

④ 表面的頭髮用手當梳子，
邊梳開邊吹乾

169 「從髮根吹乾」的誤解

順帶一提，有些人以為從髮根吹乾就是由下往上吹，這可是大錯特錯。由下往上吹會讓毛鱗片翻開來，所以就算是從髮根吹乾，也要順著毛鱗片的方向吹。

170 輕的吹風機比貴的吹風機來得好

最近市面上有許多昂貴的吹風機，但選購的重點在於輕巧與風量。

一如169所述，吹乾頭髮的時候，必須順著毛鱗片的方向吹，自然得將吹風機拿高，如果吹風機太重會很不方便。此外，風量越強的吹風機越能縮短頭髮接觸到熱風的時間，也等於讓頭髮受到最小的傷害。

171

把吹風機的造型吹嘴拆掉

吹風機通常附有造型吹嘴，建議大家在吹頭髮的時候拿掉這個造型吹嘴，因為這項配件主要用於吹整瀏海或是頭髮的局部區塊。

172

順著毛鱗片的方向吹

第33頁的12曾提到絕對不能讓毛鱗片往上翻。吹頭髮的時候絕不能吹到讓毛鱗片翻起來，否則吹風機再貴也沒用。

173

利用百元商店的手套縮短吹頭髮的時間

如果想縮短吹乾頭髮的時間，不妨使用毛巾材質的乾髮手套。最近連百元商店都有販售這項產品。

174

負離子吹風機的盲點

頭髮容易變塌的人最好避免使用負離子吹風機。因為負離子容易與水分結合，會讓頭髮變得過於溼潤。

搞不定頭髮的話，會讓我們一整天都很憂鬱對吧。接下來要為大家介紹一些簡單的技巧，讓大家只要注意一點小地方，就能得到不同的成效。

CHAPTER 6

出門前的準備

175 不能早上洗頭很痛苦？

一如142頁的133所述，最好不要選在必須外出的日子的早上洗頭。但如果覺得自己的頭髮太塌或是怕有味道，可以用熱水沖洗，再抹點護髮乳解決問題。

176 早上醒來發現頭髮亂翹時，要從髮根淋溼頭髮

如果頭髮亂翹的話，可先噴溼髮根，再利用吹風機吹整頭髮。頭髮具有朝著與髮根相反方向而翹的特質，所以若只沾溼髮尾，也沒辦法順利造型。噴溼髮根之後，邊撥頭皮邊吹乾，就能讓髮根的慣性消失。

① 不管髮尾多溼也無法解決亂翹的問題。請先用水噴溼亂翹的髮束的髮根。

② 接著邊吹頭髮，邊左右撥動噴溼的部分，去除髮根的慣性，髮尾自然就不會亂翹。

177 沒有時間的時候該怎麼辦？

①撫平亂翹的頭髮。欲速則不達，還是必須依照噴溼↓吹乾的順序。

②如果只有一分鐘的時間，那就只整理臉龐附近的捲翹。可參考217頁的225的方法。

③如果連一分鐘都沒有，就把頭髮綁起來吧。可參考204頁的208的方法。

178 女人會從分線開始老化

每天都在同一個位置分邊的話，這部分的頭皮就會遭受紫外線照射，也會變得比較乾燥。頭髮會從這個部分開始變得稀疏，白頭髮也會增加，所以最好定期換位置分邊。

頭髮分邊的訓練

然而，有些人因為髮旋或髮流的關係，分邊總是在同一個位置。建議這些人可漸漸改變分邊的位置，就像是做伸展鬆開身體一樣。

具體來說，就是在頭髮溼答答的狀態下，一邊左右撥鬆頭髮，一邊吹乾。接著在與平常不同的位置分邊，然後以冷風固定分邊的位置。

如果頭髮的分邊還是回到原本的位置，可試著使用造型劑或是把頭髮綁起來。建議大家在不需要出門的日子試試看上述的方法。

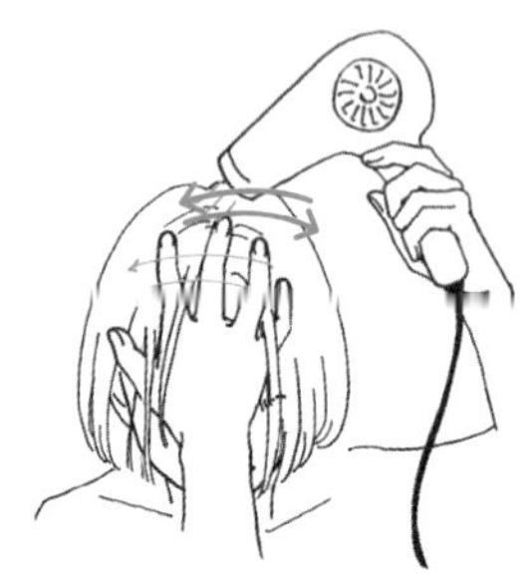

① 像是在頭髮的分邊來回跳躍一般，邊左右撥鬆頭髮，邊吹乾頭髮。

② 將頭髮從右邊撥往左邊。

③ 再將頭髮從左邊撥往右邊。重覆 ② 與 ③ 的步驟，讓分邊落在與平常不同的位置後，輕輕地拉住髮根，再以熱風十秒→冷風十秒來固定分邊的位置。

也可以綁住頭髮，讓頭髮記住與平常不同的分邊位置。

180

吹出蓬鬆或整齊的方法

如果希望頭頂的頭髮看起來多一點，可將髮根往髮旋的反方向拉再吹乾，就能讓頭髮看起來蓬一點。

如果想要吹出俐落、輕盈的感覺，可順著髮旋的方向吹乾髮根，就能將頭髮吹整齊。

181

頭的側邊與耳後是頭髮不蓬的關鍵

髮量較多、頭髮較蓬的人，可一邊將髮根往下拉，一邊吹乾。先吹乾內側的頭髮，再吹乾表面的頭髮。這時候可邊用手指梳開邊吹乾，頭髮自然變得柔順。最後再以冷風固定髮型，更好。

此外，在頭髮半乾的時候抹點護髮保溼乳液或是髮油，也能讓頭髮變得溼潤好整理。

尤其頭的側邊與耳後，請確實將這兩個部分的髮根往下拉再吹乾，就能讓頭髮不那麼蓬。

182 後腦杓的頭髮越蓬，看起來越年輕

後腦杓展現頭髮分量的髮型，看起來有拉提的效果，給人的印象一口氣變得年輕。

使用髮捲或是整髮器固然不錯，但最簡單的方法就是用手指將頭髮往上提，再用吹風機吹蓬頭髮。

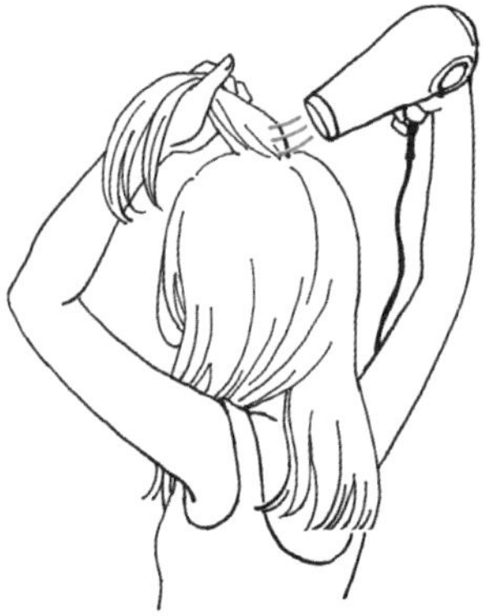

用手指拉高後腦杓的髮根，再對著髮根以熱風吹十秒，以及以冷風吹十秒，讓髮根立起來。

蓋住額頭，就蓋住成熟女性的七大缺點

如果到了在意抬頭紋的年紀，可試著留瀏海，或是將頭髮往其中一邊撥，減少額頭露出來的面積。

①在吹乾頭髮的時候，可試著像是在分邊來回跳躍一般，往左右撥鬆頭髮（請參考167頁168的說明）。

②利用圓梳或魔術髮捲讓瀏海往內彎。

③利用指尖沾點讓頭髮能夠捲曲的髮蠟，再用手指將瀏海抓成一撮撮的樣子。

184 美女就是要菱形

一如金字塔或企業標誌都有「黃金比例」這種美感的平衡，頭髮也有所謂的黃金比例，那就是讓臉型與頭髮構成菱形。要打造理想的菱形，必須做到下列三點。

①讓頭頂的頭髮增高（與整理後腦杓頭髮的技巧一樣，以熱風＋冷風吹高）。

②壓平頭頂到耳朵上方之間的頭髮（吹乾這部分的頭髮時，可將髮根往下拉）。

③讓耳朵旁邊的頭髮變蓬（勾在耳朵後面）。

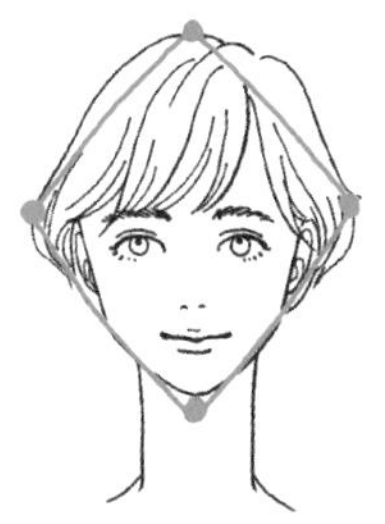

短髮

將重心（最寬的部分）放在太陽穴偏上的位置，比例就會很均衡。

鮑伯頭～中短髮

將重心（最寬的部分）放在眼睛下方到顴骨這一帶，比例就會很均衡。

長髮

將重心（最寬的部分）放在眼睛上緣到耳朵正中央的位置，比例就會很均衡。

① 將頭髮壓在耳際。

② 讓頭髮往下蓋。

將頭髮勾在耳朵後面時，可讓上方表層的頭髮往下蓋，自然就會形成菱形的比例。

185 難以自行吹整造型

在美容院吹頭髮，通常可以吹出一頭亮麗的秀髮，但其實自己很難模仿這項專業技巧，因為總共需要：

①拿吹風機的手
②拿順髮梳的手
③將頭髮分成一撮撮的手……

哇？光是吹整居然需要三隻手啊？所以才說很難在家裡自行吹整喲。

186 兩隻手就能完成的造型

所以，只用兩隻手就能做的的話，會比較容易喲。

①先利用吹風機吹到差不多快乾的程度。
②再利用整髮器整理表層的頭髮，讓頭髮變得更有光澤。

不管是電棒還是離子夾都可以用來整理頭髮。

記得使用的時候，想像成是在整理毛鱗片，一撮一撮地整理，讓頭髮變得平順。

187

不會燙傷頭髮的電捲梳

如果覺得自己不大會用整髮器，可使用附有梳子的梳子吹風機，或是形狀像髮捲梳的整髮器。這種產品只會從中心的部分發熱，所以不會燙傷頭髮。光是梳過一遍，頭髮就會變得有光澤。

188

善用皮脂的梳髮方式

每天早上梳頭，頭皮的皮脂就能均勻分布在頭髮上，容易維持頭髮的光澤。

第一步先梳開髮尾，接著再順著頭皮往下梳。

若是由下往上梳，也有增加蓬鬆感的效果。

189

髮蠟要用指甲的背面挖

挖髮蠟或髮泥時，記得用指甲的背面挖，

就不會殘留在指甲縫裡。

190

髮蠟可以混合使用

設計師很常將硬與軟的髮蠟揉在一起，做出不同的質感。

如果想讓頭髮更具線條感時，硬的髮蠟的比例可以高一點；

如果重視頭髮的平順，軟的髮蠟可以多加一點。建議大家自己多嘗試各種比例。

191 抹髮蠟的方法

抹髮蠟的時候，可利用掌心的溫度推開，千萬不能讓髮蠟結成塊狀。

192 在拍攝現場做的最後一件事

在拍攝美髮造型的時候，設計師與造型師都會先替模特兒的頭髮做造型再拍攝。

等到準備拍攝時，所有設計師都一定會請模特兒站在白色牆壁前面，在那兒為頭髮的造型做最後確認。

站在白色牆壁前面的用意在於能看清楚頭髮的輪廓，更容易看見亂飄的髮絲或是變得很奇怪的髮流。如果找不到白色牆壁，可將白色的剪髮圍布或白色毛巾攤開來，再請模特兒站在前面。

無論如何，最後一定要先徹底確認頭髮所有的細節，然後才拍照。

這個方法也能套用在一般人身上。

早上整理完頭髮之後，可站在白色牆壁前面，再對著鏡子（智慧型手機的相機也可以）確認髮型。這麼做可幫助我們看清楚自己的髮型，請大家務必試看看。

193

定型噴霧的使用方法

想維持髮型時，可利用定型噴霧從距離頭髮十公分的位置噴灑，髮型才不會被風壓吹塌。如果只想噴灑瀏海，可讓手掌像遮陽一樣伸進瀏海的內側，避免定型噴霧噴到臉部。

如果想局部固定髮型，可將定型噴霧噴在梳柄上，再將梳柄上的定型噴霧抹在頭髮上（請參考214頁219的說明）。

只想在瀏海噴定型噴霧時，可將手掌伸進瀏海內側，避免定型噴霧接觸皮膚。如果覺得將手掌伸進去，會讓瀏海變得太高，可改用資料夾。

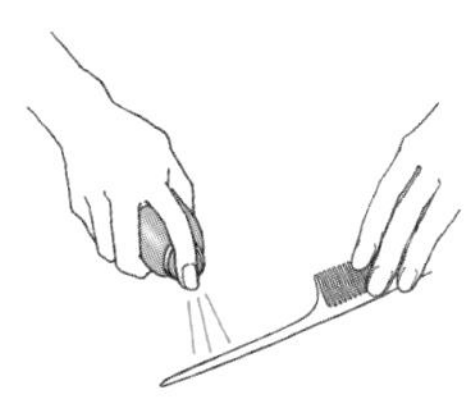

想避免瀏海往下掉（固定髮根）或避免髮絲亂飄時，
可將定型噴霧噴在梳柄上，再利用梳柄固定頭髮。

一如我們會挑選喜歡的衣服與耳環，如果也能隨著心情換髮型，那真是一件令人愉快的事。這章要為大家介紹造型以及賦予髮型變化的基本方法。

CHAPTER 7

現在就要變得時尚！

194

最常被看到的是側臉與背影

我們看自己的臉的時候，總是透過鏡子看到自己的正面。然而，別人幾乎都是看到正面以外的面貌。

換言之，最常被看到的是側臉或背影。

接下來是重點。所謂的側臉，幾乎都是頭髮對吧？至於背影的話，則百分之百是頭髮。

換言之，髮型的印象就是你給別人的印象。

195

試著替頭頂拍照

剛剛提到「最常被看到的是側臉與背影」，但大家看過自己的側臉與背影嗎？這可是會讓你大吃一驚的喲。

你可以請朋友或家人從旁邊、背後以及頭頂拍照。當然，也可以自拍。如果有人在你坐著的時候站在後方，對方看到的就會是你的頭頂。

我想，拍出來的結果應該會跟大多數人的想像不一樣。不過，做造型的時候如果能將這些照片的殘影烙印在視網膜上，就更容易設計出三百六十度零死角的髮型喲。

196

事到如今難以啟齒？頭髮相關部位的名稱

如果突然被問到髮型書或影片中使用的頭髮各部位名稱時，應該很多人會答不出來吧？請務必細讀這個單元。

ⓐ **臉龐附近**

貼著臉部輪廓的頭髮

ⓑ **頭頂**

臉部最上方的部分。通常需要調整這部分的髮量

ⓒ **太陽穴上方的位置**

頭部上方往外擴的部分

ⓓ **耳朵上方**

耳朵上方的頭髮。通常綁不上去。

ⓔ **髮尾**

髮梢的部分。通常會將這個部分燙或吹捲，以營造氣氛。

197

整髮要在晚上練習

一如第一次戴隱形眼鏡或假睫毛需要練習，使用整髮器也需要練習。不過最好在放假或是晚上練習，因為若在早上練習的話，萬一不小心失敗就出不了門了。

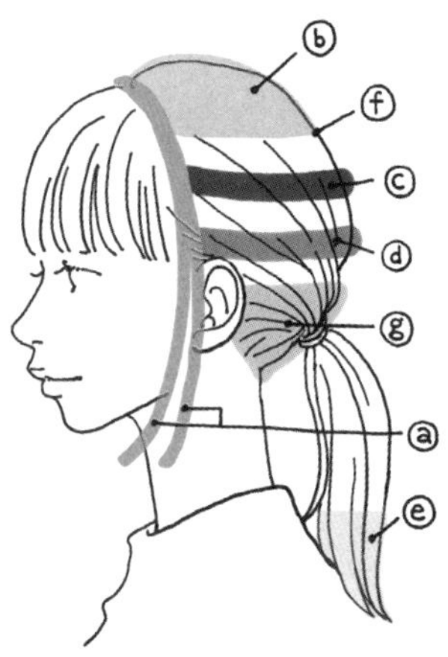

ⓕ **黃金點**

額頭與耳朵上方的連線與頭部中央線交錯的位置

ⓖ **後頸部**

後頸部的髮線

198

造型劑的練習也要選在晚上

同理，造型劑的練習也要選在晚上。因為失敗的話，立刻就能洗掉，比較輕鬆。

199

不要燙太久，就不會讓頭髮受傷

或許大家覺得頭髮受熱會受損，而且很多人認為整髮器是造成頭髮受損的主因。

一般認為，頭髮的蛋白質之所以會變質，是因為同一個部位遭受三秒以上的高熱。也就是說，使用整髮器的時候，快速地燙過去就不會有問題。

建議大家將整髮器的溫度設定在攝氏140～160度，而且盡量不要在同一位置燙超過五秒。

頭小，臉就小

利用化妝讓臉看起來小一點的技巧已經氾濫，但利用髮型讓臉看起來變小的技巧卻鮮為人知。

其實，只要頭看起來小一點，臉就會看起來變小。換句話說，頭小等於臉小。

我們當然不可能真的讓頭變小，但使用一些調整髮型的技巧，的確就能讓頭看起來小一點。

① 讓整個頭呈現菱形，創造張力（請參考182頁的184）

② 不要讓頭髮從上面開始卷（請參考200頁的201）

201

別捲到耳朵上面

利用整髮器燙出捲髮時，千萬別讓頭髮捲到耳朵上面，因為這樣會讓頭看起來變得很大。耳朵上方的頭髮緊貼、筆直，只將耳朵下方或髮尾夾捲，這就是看起來比例均衡的秘訣。

202

先利用整髮器燙捲頭髮

調整髮型的祕訣，在於先用整髮器將整頭都燙得捲捲的。捲髮的摩擦力比直髮強，更容易維持髮型，而且頭髮具有起伏，看起來更為清新脫俗。

203 「省錢版燙髮」的效果也不錯

如果懶得在做造型之前先把頭髮夾捲，可在前一天透過綁辮子讓頭髮產生捲度，也就是所謂的「省錢版燙髮」。也可以在睡覺時盤成丸子頭。只要頭髮捲曲的效果不錯，這不失為是一種好方法。

204 利用工作用手套保護額頭與脖子

第一次使用整髮器的時候，建議在不拿整髮器的那隻手戴上工作用手套，這是為了避免燙傷。除了手指之外，容易燙傷的部位還有額頭與脖子。

205 推薦初學者使用離子夾

想讓髮尾微微翹起來，想讓頭髮受熱，呈現光澤感。如果是上述這兩種用途，離子夾會比整髮器更能避免燙傷，也比較容易使用，因此較為推薦。

尤其剪短髮或鮑伯頭的人，應該會覺得離子夾更好用才對。

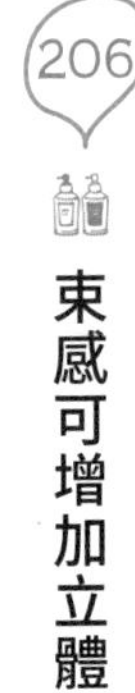

206 束感可增加立體感

利用手指推開質感較硬的髮蠟或髮泥，再將頭髮抓成一撮撮，就能呈現束感。

抓成一撮撮的用意主要如下。

- **強調瀏海與耳後髮絲的存在感**

・強調捲成細捲的毛束
・讓超短髮變得更俐落
・在表面創造立體感

207 營造輕飄飄空氣感的方法

使用捲髮專用的慕斯或空氣感髮蠟營造蓬鬆的質感。利用掌心確實推開髮蠟之後，將手插入髮根，輕輕抓出頭髮的空氣感。輕輕地抓髮尾，更能呈現空氣感。

空氣感造型的用意主要如下。

・讓燙過的頭髮、頭髮不規則亂翹的髮型看起來更輕盈
・讓容易塌陷的頭髮立起來
・呈現慵懶的感覺

208

拉出髮束看起來更時尚

光是把頭髮綁起來，看起來就很時尚的人，總讓人有種「清新感」。綁頭髮的祕訣在於綁好之後，將髮束往上拉，讓髮束看起來鬆鬆的，不需要綁得像芭蕾舞者那麼緊。

一邊用手指壓住綁好的部分，一邊用另一隻手的手指將髮束往上拉。此時要拉的不只是頭頂的頭髮，還有髮圈附近的頭髮，如此一來，就能營造均衡、自然的感覺。

209

光是遮住髮圈看起來就很內斂

該怎麼做，才能利用在超商或百元商店買到的黑色髮圈綁出時尚的髮型？

- 將髮束纏在髮圈上，讓髮圈隱形
- 在髮圈上添加髮夾、大腸圈、髮簪這類髮飾

210

利用綁頭髮的位置創造不同的形象

就算都是馬尾，給人的印象也不一樣。馬尾綁得高會讓人覺得比較年輕，綁得低則會讓人覺得比較沉穩。

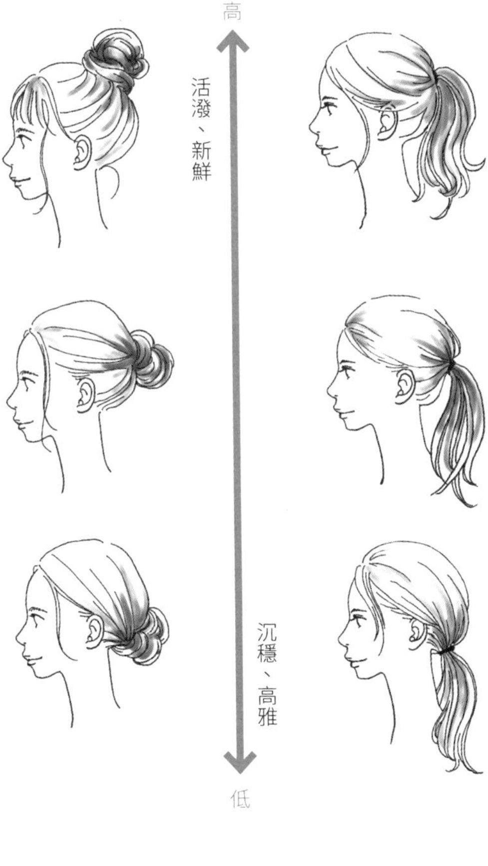

211

反轉編髮，手不巧也做得到

大家知道「反轉編髮」這種髮型嗎？我覺得能想到這個用詞的人實在太厲害了。

所謂的反轉編髮就是將髮尾塞進綁好的髮束中間，再用力拉出髮尾的髮型，這是超級簡單的編髮。

即使是公主頭之類的髮型，只要使用這種方式，既不需要髮夾固定也不怕鬆開。反轉編髮這種髮型可說是好處多多。

212

如果頭髮綁好沒多久就鬆掉的話

如果頭髮沒有可以「勾住」的部分，無論怎麼綁、怎麼整理，都還是會容易鬆掉。直髮的人請參考200頁202的方法，用整髮器或髮捲讓頭髮捲起來，或用髮蠟這類定型產品固定頭髮。

213

隱藏型的髮夾要平行插

就算是要利用髮夾調整髮型或是整理頭髮，都要記得順著髮束縱向（平行）插。這麼一來，髮夾既不容易掉，也不會過於突兀。

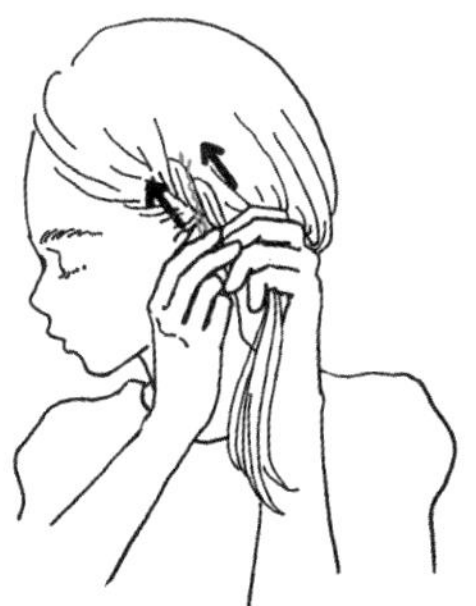

214 有顏色的髮夾排在一起，看起來就很可愛

剛剛提到，整理頭髮用的隱藏型髮夾要平行插，但如果想將髮夾當成髮飾使用（故意讓人看到髮夾），可讓髮夾相對於髮束垂直插，看起來就會顯眼又可愛。金色、銀色或是有顏色的髮夾，不要只夾一支，而是好幾支排在一起，看起來就會很時尚。

215 讓造型更上一層樓的髮夾

做造型時，最好用的就是髮夾。大家可以根據頭髮的長度或用途選擇。

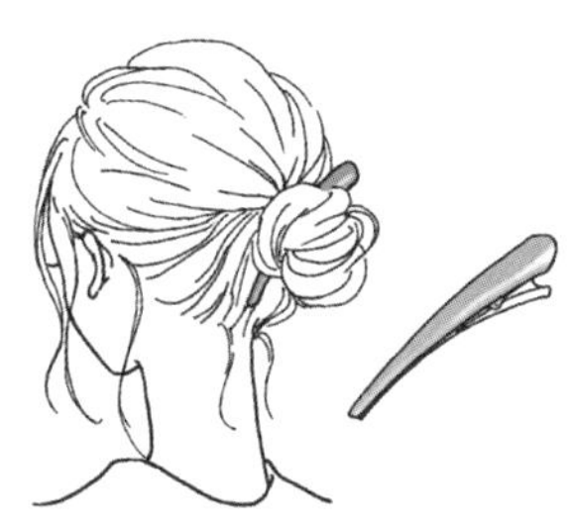

鴨嘴夾

很適合用來整理頭髮

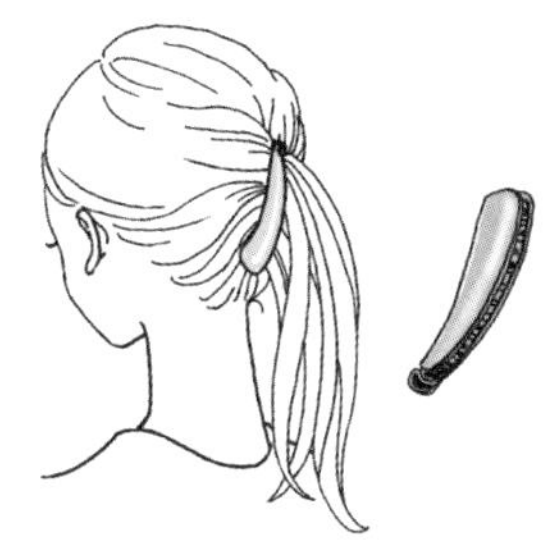

香蕉形髮夾

可用來整理長髮或髮量較多的髮型，但有可能會讓頭髮有被壓扁的感覺，所以得讓頭髮捲起來或拉出髮束，看起來才會均衡。

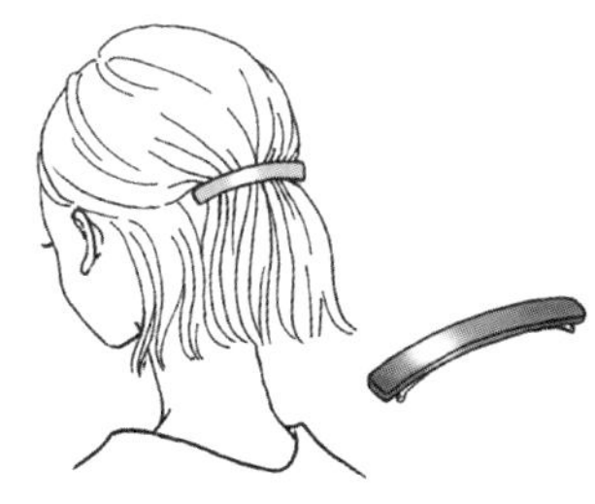

番外篇：BB夾

這種髮夾不能用來單獨夾頭髮，而是要像小型鯊魚夾一樣，用來遮住髮圈或小黑夾。

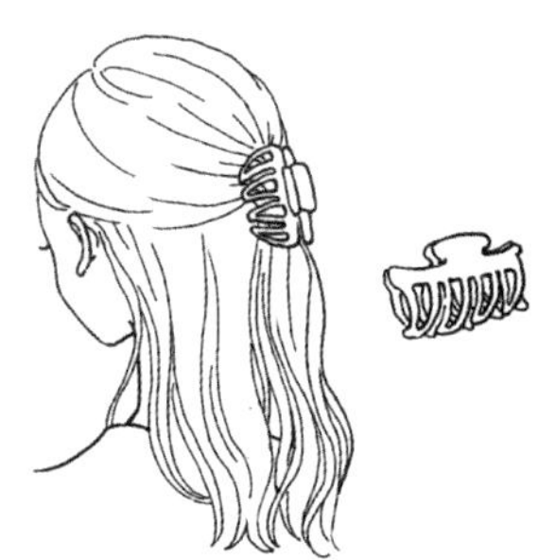

鯊魚夾

雖然一個鯊魚夾就能整理頭髮，但小型鯊魚夾可以在利用髮圈綁好頭髮之後，用來整理表層的頭髮，順便遮住髮圈。

216

常用的髮飾最好多準備幾種顏色

髮飾通常很吸睛，若能與項鍊或耳環配成同色，看起來就很自然。如果有自己平時經常使用的髮夾，譬如鴨嘴夾或鯊魚夾等，最好準備兩種色系，譬如金色系與銀色系，比較容易與自己的衣服或首飾搭配。

217

要先壓住髮圈的裝飾，再綁頭髮

附裝飾的髮圈，在綁頭髮的時候請用手指壓著，讓裝飾的部分保持在最上方。

能夠垂下髮絲的位置只有四個

常聽到「垂下髮絲」這種說法，但髮絲的位置會決定髮型給人的印象，而且也有適合與不適合的位置。

適合垂下髮絲的位置有以下四種。

一如35頁的⑮所述，要避免因為髮絲看起來很累，就要利用髮蠟打造出「刻意垂下髮絲」的感覺。

① 瀏海旁邊
② 耳朵前面
③ 耳朵後面
④ 後頸部的髮際線

因為下雨、因為很熱、因為是女生，心情不一定每天都很美麗。不過，大家可以先記住一些讓心情稍微放晴的小祕訣。

CHAPTER 8

每天都想舒適地生活

219 用梳子解決脫隊的髮絲

如果發現梳不齊的髮絲，可在梳柄的部分噴點定型噴霧，用這個部分順過表面的髮絲將其撫平。也可以用這個方法解決產後掉髮。

如果是上班族的話，可在公司放梳子與定型噴霧。最近甚至推出了專門整治髮絲亂飄的碎髮整理膏。

220 利用帽子或陽傘保護頭皮

紫外線很強的時期，可利用頭皮防曬噴霧來保護頭皮，或使用帽子與陽傘。只要多做這道步驟，秋天就不會掉太多頭髮。

阻擋紫外線的效果，依序為陽傘↓帽子↓噴霧。而且陽傘不僅能保護頭皮，還能避免髮尾變得乾燥。

221

覺得帽子很悶的話

話又說回來，夏天戴帽子很容易戴得滿頭大汗對吧。如果你也這麼覺得，可在帽子與頭皮之間墊塊薄薄的手帕或是毛巾，光是這樣就不會覺得太悶，也能避免汗水滲入帽子。

222

秋天是掉髮的季節

秋天是一年最容易掉髮的季節。因為頭皮在經過夏天紫外線與乾燥的傷害後會變得脆弱，所以不用太擔心秋天的掉髮。

223 自己的掉髮問題

話又說回來，其實很難知道自己的掉髮問題嚴不嚴重。雖然有點離題，不過我在國中閱讀的某本小說裡，曾有描述「以扒手維生的主角會在要行竊的當天早上，花三十分鐘梳頭髮」的場景，這是為了避免頭髮掉在犯罪現場。我記得當時讀到這段時心想「原來頭髮這麼容易掉啊」。據說頭髮一天會掉五十至八十根，所以只要還在這個範圍之內就沒問題。如果一天掉兩百、三百根頭髮的話，就得向皮膚科醫生諮詢了。

224 利用吹風機解決頭臭的問題

有些人覺得頭皮流汗很臭，但其實頭皮的汗腺與腋下的汗腺不一樣，所以基本上不會是很臭的汗。頭皮的臭味多半來自雜菌，所以睡前請務必吹乾頭髮。

225 臉龐附近的頭髮亂翹的話，就必須多保養頭髮

臉龐附近的頭髮亂翹真的很讓人討厭，因為這裡的頭髮亂翹與其他的頭髮亂翹不同，會展現出強烈的生活疲憊感。要整治這部分的頭髮，可在早上起床頭髮乾燥的狀態下，將那些捲曲的髮束從髮根拉直，再用吹風機吹熱髮根。用熱風吹大約十秒後，再用冷風吹十秒。這麼做與離子夾的效果相當，能夠解決亂翹的問題。如果是頑固的捲翹，可先淋溼髮根（只淋溼髮根也可以），再從根部用手指夾住拉直並吹乾，就能吹得平順。

226

月經期間的染髮問題

月經來的時候，皮膚會因為荷爾蒙失調的緣故而容易變得粗糙或敏感，所以皮膚敏感或是月經期間皮膚容易發炎紅腫的人，最好不要在生理期的時候染髮。

227

懷孕時的染髮問題

有些美容院會替孕婦染髮與燙髮。基本上不需要擔心經皮毒（從皮膚吸收有害物質）的問題。

不過大家要先記住一點，懷孕初期因為荷爾蒙改變，頭皮會變得容易受到刺激，因此也比平常更容易發炎與發癢。

要在懷孕期間染髮或燙髮，可先提醒設計師以下兩點。

① 盡可能避免染劑接觸頭皮

② 使用對皮膚比較溫和的染劑

另一點要請大家記住的是，不是每間美容院都歡迎孕婦上門染髮或燙髮。孕婦在接受服務之前，可能得先簽署同意書，一旦產生糾紛，必須自行負責。

228 利用髮帽與枕頭套保持頭髮的光澤感

睡覺時的摩擦是頭髮的大敵。使用絲綢材質的髮帽或枕頭套，可避免頭髮受損。睡覺是每天的例行公事，所以千萬別小看。

據說以黑長直髮型為招牌的女子團體Perfume的成員樫野有香，為了保護秀髮，每天晚上都把頭髮綁成丸子頭再睡。

229

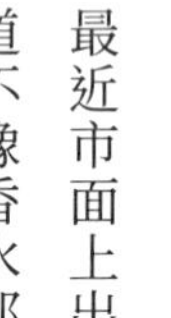

淡淡的頭髮香水

最近市面上出現不少頭髮專用的香芬，由於味道不像香水那麼重，所以平常也可以使用。

230

下雨天要用髮油當蓋子

雨天是展現女性實力的時候。溼度較高的日子常會遇到頭髮難以整理、髮尾亂翹、髮絲亂飄的問題。

若問頭髮為什麼容易在雨天亂飄、亂翹，那是因為頭髮吸收了水分。當水分不斷進出頭髮，好不容易透過吹整結合的頭髮氫鍵就會斷裂，恢復成原本的狀態。

所以遇到雨天，記得減少水分進出頭髮的頻率。具體來說，可抹一些髮油或油分含量較高的髮蠟，讓頭髮彈開水分。

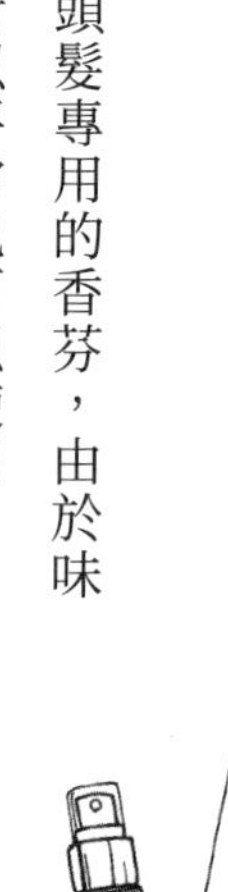

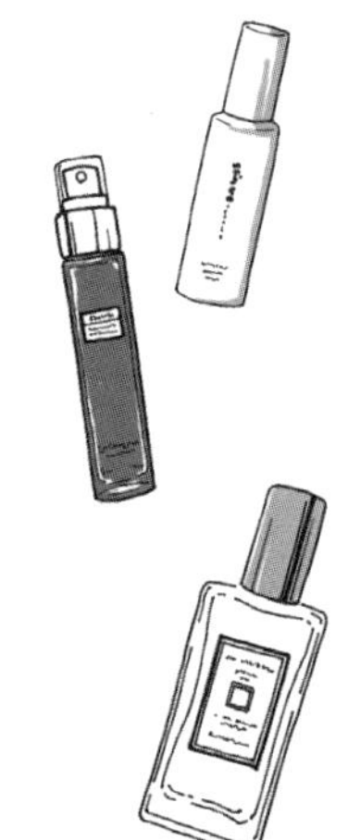

各種產品的油分含量依序為髮油↓髮乳↓護髮乳↓髮香噴霧（髮蠟則依成分而定）。

231

頭髮亂翹可能是因為乾燥

有些人一直以為自己的頭髮就是會亂翹，但其實有可能是因為頭髮過於乾燥而捲曲。

這時候，建議使用護髮乳來保溼，效果應該會比離子燙更柔順。建議大家與設計師討論看看。

232

髮型也隨季節變換，看起來就會很時尚

衣服換季的時候，不妨配合身上的服飾換個髮型，看起來就

會很時尚。

在冬季服裝換成春季服裝時：

①將髮色調亮一～兩個色階

春裝通常是淡雅明亮的色調，所以髮色最好比冬季的時候亮一～兩個色階。例如將粉紅色換成鮭魚粉，卡其色換成祖母綠，芥末黃換成檸檬黃。

②將頭髮的層次剪得高些

將頭髮的層次剪得較高，可讓髮尾更容易晃動。春裝的材質通常又薄又輕，所以髮尾能輕盈晃動的髮型會比較適合。

夏季服裝換成秋季服裝時，就要採取與春季相反的做法，也就是讓髮色稍微暗一點，或是剪掉髮尾輕盈的部分，使其具備厚度，才能打造出適合秋冬服飾的髮型。

233

也可以試著武裝

若是遇到權勢騷擾或性騷擾，百分之百是加害者的錯。「都是被害人身穿迷你裙的錯」，這種藉口絕對理所不容。說完這個前提之後，接著要跟大家說另一件事。我常聽到有人說：「換了髮型就不再遇到權勢騷擾或性騷擾了。」若追問：「是什麼髮型呢？」答案則是「從文靜女孩的髮型」換成「強勢女性」的髮型，像是後高前低的鮑伯頭、明亮的髮色或是極短髮。

頭髮層次較低

頭髮層次較高

被害人得為了加害者而換髮型，這聽起來非常蠢，也很不合理，所以不需要刻意換成自己討厭的髮型。不過，若你剛好想要毅然決然改變形象，用髮型武裝自己也是不錯的選擇。

234 圍圍巾的時候，要讓頭髮在後面

圍巾問題是長髮人士的煩惱。將頭髮塞在圍巾裡面也可以，但如果將頭髮拉出圍巾時會散落在兩旁，視覺效果意外變得十分擴張。所以，最好還是將頭髮往後放。

235 在餐廳約會時，讓對方看見你綁頭髮的樣子

長髮的人有時候會在吃飯時把頭髮綁起來。為了能快速將頭

髮綁好，建議大家平常就要多練習。

聽說許多男性在約會的時候，看到長頭髮的女性快速綁好頭髮（以及在這時候露出來的後頸）會很心動。

放下來的頭髮能營造清新的印象。

將頭髮撥到同一邊會露出脖子，讓人覺得帶點女人味。

最後快速將頭髮綁起來，就能完全露出脖子，看起來就非常性感。

236

適合相親聯誼的髮型只有兩種

我常有機會提供參加相親聯誼的人髮型上的建議，但其實適合的髮型只有兩種。

①總之想讓大家都喜歡。機會多一分是一分。

剪成「直髮×斜斜的瀏海×微微內卷」這種不標新立異的髮型，能博得最多人的好感。

②不想在開始交往後，讓對方覺得「跟原本的想像不一樣」。

一開始就剪成能充分展現自我的髮型，比方說剪成極短髮、染成金髮，或是燙成華麗的髮型也可以。

①的髮型比較容易認識更多的男性，②的髮型則可避免在交往之後才失望的情況，所以沒辦法斷言哪一種才最適合。

237 短髮控的男子

就過去的採訪經驗而言，喜歡長髮的男性的比例較高。

但大部分喜歡長髮的男性，最多也只是覺得「真要說的話，長髮比較好吧」，反觀那些喜歡短髮的男性就對短髮很有熱情，他們的說法都是「我超級超級喜歡短髮的女生」「我喜歡的人都是短髮」。

我也常聽到一剪成短髮，就被喜歡短髮的對象告白的故事。

238 讓瀏海變順的方法

一如126頁的117提到的，頭髮有從短邊留往長邊的性質，所以去美容院的時候，要先告訴設計師你習慣將頭髮往哪邊撥，再請設計師幫忙剪。

174頁的176也提過，頭髮的方向是由髮根決定的，所以剪瀏海的時候，重點在於髮根而不是髮尾。

239

雙層瀏海有兩種效果

所謂的雙層瀏海是指在較短的瀏海上面覆蓋一層較長的瀏海。這是能隨著造型改變印象與氛圍的髮型。

強調較短的瀏海

調整頭髮分邊的位置，遮住較短的瀏海

240

自己剪瀏海也不會失敗的祕訣

某項調查指出，97%的女性曾經自己剪瀏海，其中失敗的人又佔了81%。

剪瀏海需要很細心之外，同時瀏海又是第一眼看到的部分，所以千萬別硬要自己剪。但。有時候就是會遇到得自己剪的情況。

這時候需要注意兩個重點。

①別讓瀏海變得比現在的瀏海更寬。

②不要剪到瀏海旁邊的頭髮。

此外，千萬別拿文具店賣的剪刀來剪，千萬別這麼做！

將瀏海抓到頭髮分邊的下面，再往頭髮分邊的反方向轉，就比較不會剪失敗。

241 產後掉髮的問題

遇到產後掉髮的問題時，要盡可能減少頭皮的負擔。具體來說，就是避免將頭髮綁成馬尾之類的，導致頭髮維持拉緊的狀態。如果需要綁頭髮的話，請記得綁鬆一點。

242 話又說回來，何謂產後掉髮？

懷孕時，雌激素這類女性荷爾蒙會大量分泌，所以在懷孕的時候，比較不會掉髮。

所謂的產後掉髮就是本該在懷孕十個月期間掉落的頭髮一口氣全掉光的現象。請大家不用過度擔心產後掉髮這個問題。

243 產後洗頭的問題

產後的髮質會改變，所以原本使用的洗髮精有可能不再適合。建議大家與設計師諮詢這個部分。

保養頭髮的好習慣

・不要累積壓力
・飲食要均衡
・睡眠要充足
・減少肩頸僵硬
・減少頭髮摩擦
・減少頭髮接觸紫外線的頻率
・避免頭髮乾燥（包含因為冷氣而變得乾燥的情況）
・充分運動
・改善手腳冰冷的問題

這些習慣不僅是為了頭髮，也是為了身體對吧。頭髮是身體的一部分，而頭皮也是皮膚。

我們會保養身體與肌膚，當然也要保養頭髮。就算只是對頭髮好一點點，頭髮也一定會給你回饋。

CHAPTER 9

頭髮也會變老

245

年紀越大，頭髮越是比臉重要

我想，只要曾參加過睽違二十年的同學會，都能知道我在說什麼，這是同學會常見的狀況之一。昔日被班上同學奉為女神的同學，不再像過去那般神采飛揚；而昔日長相平平無奇的女同學，反而變得非常漂亮，令人驚訝。

之所以會出現如此明顯的變化，大部分都是因為頭髮。年紀越大，頭髮越漂亮，看起來就越有女人味。頭髮漂亮的女性，看起來通常很幸福。這或許是因為能好好保養頭髮意味著生活過得很如意吧。

這代表越是成熟的女性，越容易利用頭髮反轉立場，所以當然沒有放棄這招的道理對吧。

246 成熟女性的三大煩惱

年齡越長，越容易遇到的頭髮問題如下。

①白髮
②髮量稀疏（頭髮不再豐厚）
③乾澀毛躁（失去光澤）

總共有這三種。

換言之，只要解決這三個問題，頭髮就會瞬間變得年輕，整個人當然也會跟著年輕。

247 至今仍不知道為何會長出白髮

其實頭髮全都是白髮，但在長長的過程中，被黑色素（melanin）染成黑色，所以才會長成黑髮。

一般認為，白頭髮之所以增加，在於製造黑色素的黑素細胞失去活力，沒辦法將黑色素傳遞給毛母細胞（製造頭髮的細胞）。

遺憾的是，到目前我們還沒解開白髮增生的所有謎團，所以接著要介紹能減輕白髮煩惱以及巧妙處理白髮的幾種方法。

248

我在染黑白髮時犯下的大錯

在此要講述一件我犯過的大錯。

之前我因為工作的緣故，經常碰到某位設計師，而當我第一次請他幫我染髮時，我跟他聊到「我最近白髮變多了對吧」。當時我才三十幾歲，看得到的白髮也大概只有三、四根，但這位設計師卻跟我說「那就讓白頭髮不要那麼明顯吧」，並勸我染頭髮。我因為跟這位設計師的交情很好，就沒多說什麼，讓他幫我染頭髮。

但是看到染好的頭髮之後，我真的大吃一驚。一直以來，我都是亮棕色的頭髮，沒想到被染成一頭全黑的髮色後，簡直就像是快要畢業、正在找工作的學生一樣。

沒想到我的一句「我最近白髮變多了對吧」，讓設計師以為「我對於白頭髮很苦惱」，得好好幫我遮住白頭髮不可。這完全是因為我在溝通時偷懶所致。

一如85頁63所述，白頭髮可以「遮起來」也可以「藏起來」，大家想像的又是哪一種呢？我深深覺得，如果當時有補充說明「我並不是想染成黑髮」，那次的染髮經驗應該就不會那麼失敗了吧。

249

想讓頭髮變亮時的注意事項

想讓髮色變亮，將白髮藏起來的時候，有一個要特別注意的事。

假設你的白頭髮還沒有那麼多，但卻染了比原本的髮色更亮的顏色，染好的頭髮與之後長出來的黑髮，髮色就會看起來分成兩層。

建議白髮不多的人，可以讓挑染的比例高一點，然後維持原本的基本色，就能讓白髮不那麼明顯。建議大家多跟設計師討論再決定怎麼染。

250

不需因為白髮染而沮喪

白髮染（gray color）與時尚染（fashion color）的差異只

在於棕色色素的多寡。所以就算聽到設計師表示「就把頭髮染黑吧」，也不代表會使用與之前完全不同的染劑。大家不用過於沮喪喲。

我約莫是在四十歲的時候，一下子增加了很多白髮，所以我便問設計師說：「是不是差不多該採取白髮染了？」沒想到設計師居然回答說：「其實從上上次就已經開始使用白髮染囉！」兩者的差別就是這麼不明顯（笑）。

251 不需因為白髮染而沮喪（續篇）

接著是我的白頭髮後傳。

從四十歲開始採取白髮染的我，現在則是請同一位設計師幫我做時尚染，這是因為白髮在不知不覺間全部消失了。

設計師告訴我，他幾乎沒看過白頭髮會消失的客人，唯一可能的解釋就是「因為壓力長出來的白髮，會因為壓力解除而消失」。

的確，我記得那陣子的壓力很大。

大家可別小看壓力啊！

252 白髮的救世主？

剛剛提過，基本上，變白的頭髮不會再變回黑色。但最近市面上出現了讓被譽為頭髮上色工廠的黑素細胞重新恢復活力的生髮劑，引起了不小的話題。說不定在不久的將來，再也不需要染成黑髮了。

253

三種染髮劑

染髮劑共分三種。

①長效染髮劑
②果酸染髮、酸性染髮劑、護髮染髮劑
③臨時染髮膏、染髮噴霧

這三者的差異在於染劑滲透到頭髮的部分，可視情況選用。

①長效染髮劑

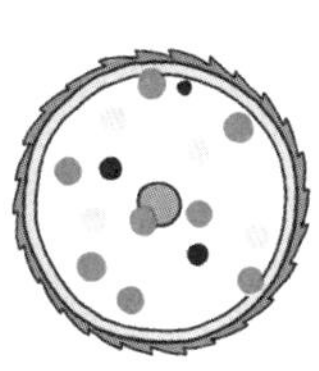

這是打開毛鱗片，讓色素滲透到頭髮內部的方法。

- 白頭髮比較多的人
- 想要確實染髮的人
- 想染成亮色的人

②果酸染髮、酸性染髮劑、護髮染髮劑

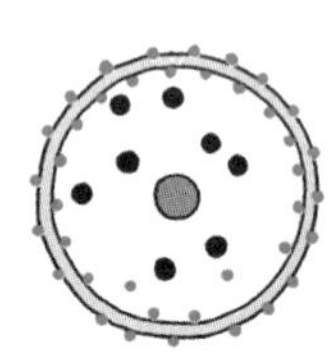

果酸染髮是讓色素從表面滲透到內側表層的方法，染好之後，顏色大概可維持二～四週。酸性染髮劑與果酸染髮的染髮方式差不多。護髮染髮劑則是透過長期使用，讓色素慢慢滲透到頭髮內部的方法。

・在意頭髮或頭皮受損的人
・白頭髮不多的人
・覺得常常染頭髮也不麻煩的人

③臨時染髮膏、染髮噴霧

讓頭髮表層暫時上色的方法。可用洗髮精洗掉顏色。

・在想遮住少量或部分白髮的時候使用
・只想在某一天遮住過於突兀的髮色時使用

254 白頭髮拔一根長三根？

不會拔一根長三根。

要注意的是，拔白頭髮會讓毛囊受損，有可能因此再也長不出頭髮，或是長出來的頭髮變少，所以千萬不要拔頭髮。

255 該怎麼處理剛長出來的白髮？

那麼該怎麼處理長出來的白頭髮？可以的話，利用剪刀從髮根附近剪掉。使用眉毛剪會比較好剪。

256

髮際線的白髮可利用瀏海遮住

瀏海可以遮住髮際線，連帶也能遮住白髮。

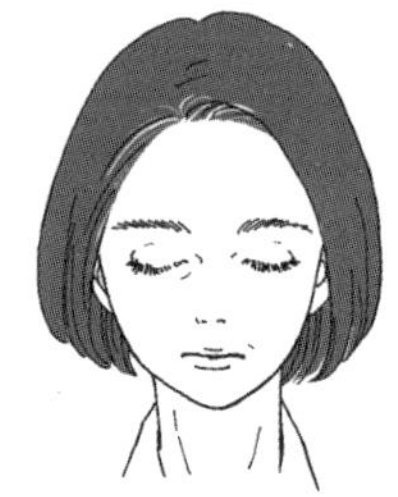

沒有瀏海，髮際線的白髮很顯眼。

剪出瀏海就能遮住髮際線，白頭髮長長也不那麼顯眼。

257

會從幾歲開始長白頭髮？

長出白髮的年齡當然因人而異，而在問卷調查中回答「白髮很多、多、略多」的女性的年齡層分布如下：

・30～34歲：11％

・35～40歲：16%
・40～44歲：27%
・45～50歲：36%
・50～54歲：50%
・55～60歲：62%

（二〇一四年花王的調查 https://www.kao.co.jp/blaune/point/01/）

258 剛長長的白髮該怎麼處理？

最顯眼的白頭髮位於頭髮分邊的部分與臉龐附近。頭髮分邊的白髮可依照177頁179的說明，試著進行模糊分線或變更分邊的練習。這種方法很適合在「白頭髮太明顯，可是下週無法前往美容院染頭髮」的時候使用。

若想讓臉龐附近的白髮不要那麼明顯，可依照244頁(256)的方法剪瀏海，或是先將頭髮往前吹乾，遮住髮根後才做造型。

出門前的重點保養

如果只有幾根比較明顯的白髮，可使用臨時染髮膏遮一下。在出門前，快速地在重點部位塗抹臨時染髮膏即可。

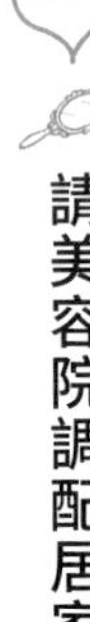

請美容院調配居家染髮劑

48頁(29)提到，盡可能不要在家染髮，才不會使頭髮受損，但有些人可能會有預算方面的考量，或者就是無法上美容院

染髮的情況。

最近有一些由美容院調配的居家染髮劑上市，如果是請長期幫你染頭髮、知道你喜歡什麼顏色的設計師來推薦，應該就能避免「染好的顏色跟想像的不一樣」這類失敗的情況。

261 只染髮根的方法

48頁 29也提到，在家塗染劑的時候，盡可能只補染剛長出來的髮根。此時可以將頭髮扭成許多小撮，比較容易將髮根上色。

但如果只有髮根的顏色變亮，看起來會很奇怪，所以可詢問設計師，你的髮色到底有多亮。

262

白髮使用時尚染髮也比較不容易受損

話說回來，我最近從足以代表日本的染髮專家聽到很棒的居家染髮方法。

那就是「居家染髮時，不要使用白髮染，而是盡量使用亮色的時尚染」。

市售白髮染的色素通常很容易讓頭髮受損，顏色也很容易殘留在頭髮，所以在美容院重染可說是難如登天。但是時尚染的染髮劑的色素就不會那麼強效，想在美容院重染的時候，能夠做的處置也比較多。

至於顏色，可以選擇亮棕色等明亮的顏色，如此一來，即使從髮根染到髮尾，頭髮也不會受損得太嚴重。這種染法雖然沒辦法讓白髮完全變黑，但因為是染成自然的棕色，所以白髮看起來很像是挑染，比起染成暗色的時候看起來更加均勻，這也是一大優點。

要注意的是，如果一開始就使用顏色較深的白髮染，色素會殘留在頭髮上，因此如果改用亮棕色的染劑，可能只有髮根的部分會變亮，所以這時候可選擇與髮色亮度相近的時尚染劑。

在不能去美容院的時候，建議不要使用白髮染，而是使用時尚染。

263

白髮也想染成有設計感的顏色

前幾天，我在以七十幾歲為對象的時尚雜誌撰寫了「白髮不染黑」的特輯。這個特輯的概念是「好不容易白髮變多了，就讓白髮看起來更時尚吧！」。

我在這個特輯介紹了不留灰髮或染黑，而是將白髮當成刻意營造的挑染，呈現繽紛色彩的方法，結果引起相當大的迴響。

某次我問前面那位以染髮聞名的設計師說：「該怎麼找到擅長將白髮染成彩色的美容院呢？」結果我得到令人意外的答案。

他告訴我，那些以辣妹為對象或是擅長韓系剪髮等，以年輕人為客群、提供鮮豔華麗髮色的美容院，應該也很擅長將白髮染成彩色。

的確，染劑的調色屬於化學的範疇。擅長為辣妹進行漂亮挑染，或是懂得使用粉紅、深藍色染劑的美容院，對染劑絕對非常熟悉。請自己的孩子或孫子幫忙在Instagram或美容專題網站尋找美容院，然後再一起前往，這也是不錯的方法。

264 留出灰髮的方法

越來越多人不想再白髮染，希望以自己原本的髮色（也就是「灰髮」）示人。但，這條路可是非常漫長的喲。

127頁(118)提到，如果短髮的人想要留出白髮，大概要等上一年至一年半，已經染色的頭髮才會完全消退。由於最初半年期間的髮色會很不均勻，給人邋遢的印象，建議大家用帽子或假髮遮住，或者乾脆染成亮色，比較容易克服這段期間。

265 能留出一頭漂亮灰髮的年齡

不知道是不是流行留灰髮的關係，最近有許多五十幾歲、六十幾歲的顧客問設計師說：「我是不是該開始留灰髮了啊？」

但一如某位設計師所述，要留出一頭漂亮的灰髮，白頭髮的比例必須超過六～七成，所以大部分的人其實可以等到七十歲後半的時候，再來考慮留灰髮。

能不能留出漂亮的灰髮，其實得看每個人的條件，而且有些行業也對髮色有一定的要求，所以不能一概而論。但實在不需要急著讓自己變老。

266 女性比男性更想解決髮量稀疏的問題

其實差不多從十年前開始，保養頭皮、解決髮量稀疏問題的女性市場就比男性的市場來得更大。

雖然女性沒辦法太明目張膽地討論這件事，但市面上的增髮劑、養髮劑、假髮、頭皮護理洗髮精以及其他解決髮量稀疏問題的商品也逐漸變得豐富，建議大家可以更積極使用。

以女性為對象的生髮沙龍也越來越多，為髮量稀疏而困擾的女性朋友也可以自行找找看這類美容院。

267 增髮劑可以從三十幾歲開始用

許多女性設計師就算上了年紀，也希望留著一頭長髮。我曾經聽過，許多人從三十幾歲開始就使用頭皮保養液或是增髮劑。之所以會這麼早就開始使用，是為了防患未然，早日預防髮量稀疏或是白頭髮的問題。原來如此，這也難怪。人美果然是有理由的。

最方便使用的產品莫過於噴霧型的增髮劑。使用時，盡可能靠近頭皮噴，大概均勻噴十次即可。

要注意的是，噴完之後，請記得按摩頭皮。例如替髮際附近或是淋巴較多的耳後按摩，以便促進血液循環。若能搭配按摩頭皮專用的梳子，那更是事半功倍。

268

越來越多熟齡女性留長髮

在我詢問某位美容產品公司的產品開發人員之後才得知，相較於二十年前，四十歲以上留長髮的人增加了一倍以上，這應該是因為頭髮養護產品越來越有效，所以就算年紀越長，頭髮依然容易留長的關係吧。

留長髮與不留長髮的人

有一位五十歲上下，長年留著及腰長髮的女性設計師曾告訴我說：「一般人都以為留長髮的關鍵在於頭髮的保養，但其實『保持氣的暢通』也很重要喲！」

中醫將頭髮稱為「血餘」，也認為於體內循環的血液不足，頭髮就長不好。

這位女性設計師認為除了血液循環之外，氣的循環也很重要，若是氣的循環不好，頭髮就沒辦法漂亮地留長。

聽了他這麼說之後，我才想起我身邊每位四、五十歲還留著一頭美麗長髮的女性，他們都是積極樂觀的個性，感覺氣的循環都很棒。

姑且不論這種說法可不可信，我真的對「頭髮留得長的人＝氣血循環好的人」這種說法很感興趣啊。

270 頭髮變得乾澀就剪掉

話又說回來，成熟女性的頭髮的確比較容易變得粗糙乾澀。

如果覺得髮尾變得乾澀，可試著將乾澀的部分剪掉，讓髮尾看起來豐潤一點，整個人看起來也會比較年輕。

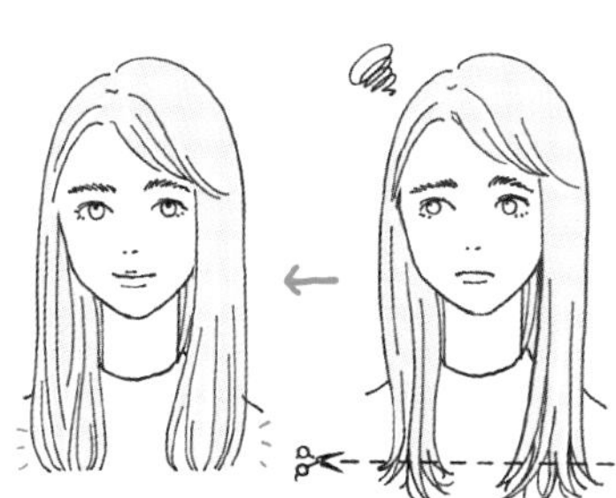

271

頭髮變薄的話，就讓瀏海厚一點

如果發現頭髮失去彈力或是變得稀疏，可從更靠近頭頂的位置開始留瀏海。一旦瀏海變得豐厚，整個人就會變年輕許多。

瀏海太單薄，給人稀疏的印象

從更靠近頭頂的位置留瀏海，可增加瀏海的髮量，營造年輕的感覺

272

剪成短髮，髮量看起來就會變多

短髮比較容易營造出頭頂與後腦杓的頭髮的蓬鬆感。因為短髮等於輕盈，也相當於比較容易抵抗地心引力。留長髮的話，頭頂的頭髮會因為本身的重量而塌陷。所以想讓頭髮看

起來比較豐盈的話，剪短也是不錯的選擇。

273 「已經不年輕了」的錯覺

設計師似乎常聽顧客說「我已經不年輕了，留瀏海會不會讓人以為我在裝年輕啊？」或是「我已經不年輕了，是不是該剪短髮了？」

「到了某個年紀就得留某種髮型」，大家深陷於這種刻板印象的狀況比想像中更嚴重。而且，這些「適合的年紀的髮型」甚至還停留在昭和時代，沒有與時俱進。

女性偶像那種髮尾剪齊的齊瀏海，或許真的不大適合成熟的女性（但也有不少人很適合），但就如256頁 271 所述，留瀏海通常會讓人看起來比較年輕。

此外，254頁268也提到，近年來，選擇留長髮的女性突然增加。所以，「上了年紀就該留短髮」是只在洗髮精或護髮乳還不夠發達的時代才成立的說法。

請大家不要受到年齡的束縛，找到能夠實現自己理想中的形象的髮型吧！

274

兩種頭髮密度

髮量會變得稀疏，通常有兩種原因。

① 從毛孔長出來的頭髮根數變少

② 長出來的頭髮變細、變得脆弱

所以，不同原因也有不同的解決方案（也有可能同時遇到這兩種情況）。

如果是前者，就只能保養頭皮。如果是後者，保養頭皮之餘，還可以使用讓頭髮恢復彈性的頭髮養護液。

275 髮根吹蓬，看起來就年輕

如果覺得髮量很稀疏或是頭髮很細，就將髮根吹蓬吧。具體的做法就是一邊將髮根往上托，一邊利用吹風機吹乾頭髮。

276 不要使用保溼洗髮精

想要頭髮看起來多一點的人，不要使用「保溼洗髮精」，而是要選「蓬鬆型」的洗髮精。保溼成分過多，雖然比較容易整理頭髮，但是髮量看起來會比較少。

277

最重要的是頭皮

到目前為止介紹了不少有關頭髮保養與造型的方法，但想要有一頭秀髮，追根究柢還是得從頭皮開始保養。

這說法雖然聽起來有些草率，但這是因為頭髮是死的，頭皮是活的。

36頁的⑰也提過，頭髮是死掉的細胞，所以再怎麼保養髮尾，頂多就只是像上粉底或遮瑕膏一樣。

若問頭皮有沒有相當於底妝的部分，答案就是頭皮保養。

讓我們一起養出

・不容易生出白髮

・能長出又粗壯又強韌的頭髮

・能長出光澤且健康的頭髮

的頭皮吧！

278

促進血液循環，就能長出健康的頭髮

要讓頭皮長出健康的頭髮，關鍵是要促進血液循環。最能有效促進血液循環的方法就是頭皮按摩。建議大家洗頭的時候，按摩有很多淋巴的耳後部位，也建議在抹增髮劑的時候替頭皮按摩，如果能在美容院接受頭皮按摩則更理想。

279

要擁有一頭秀髮，就要促進脖子附近的血液循環

- 每天泡澡的時候，連肩膀都要泡到
- 按摩頸部周圍

280 在黃金時段調理毛孔

頭髮會在睡覺的時候生長。為了讓頭髮容易長出健康的髮絲，需要清除毛孔中的汙垢，所以就這點而言，比較建議在晚上洗頭（參考142頁的133）。

281 增髮劑與生髮劑的差異

增髮劑是讓頭髮變粗、變健康的產品。生髮劑則是含有醫藥成分「米諾地爾」（Minoxidil）的美髮產品。米諾地爾原本是治療高血壓的藥物，具有讓血管擴張的效果，在日本被分類為第一類醫療用品，所以得請診所開立處方箋，或是在藥劑師值班時於藥妝店購買。

282

對頭髮有益的食物

235頁的247曾提到，製造頭髮的頭皮細胞稱為毛母細胞。由於毛母細胞也是細胞的一種，所以攝取有抗氧化作用的食品，也能保護這種細胞，例如攝取富含維生素C與β胡蘿蔔素的食品就是不錯的選擇。

此外，頭髮由蛋白質組成，所以攝取優質蛋白質也很重要，建議大家多攝取黃豆以及羊栖菜這類豆類與褐藻類。

有別於臉上每天會卸掉的妝或每天會換穿的衣服，頭髮是完全屬於你自己的，所以喜歡自己的頭髮就能喜歡自己。

CHAPTER 10

喜歡頭髮
就會喜歡自己

283

為了自己選擇髮型

我曾經與79頁的60介紹的Twitter漫畫家一起上電視節目，那次的節目主題為「髮型與內心的關係」。因為那次的節目，發生了一件非常開心的事。其實在錄節目的時候，負責這個節目的女導播大幅改造了髮型。

當初在對稿的時候，留著長髮的他給人一種沉穩的感覺，沒想到之後在攝影棚見面時，他居然剪成及肩的長度，而且還染了亮橘色的內餡染（只染內層，不染表面的染髮方式）。在肩膀上方微微往外翹的髮型與髮色，讓他開朗迷人的氣質看起來更有魅力。

現場直播結束後，這位女導播遞給我一封信，上面寫道：

「我之所以能剪短頭髮，甚至還染了內餡染，全拜這次的採訪之賜。之前我一直想很多，覺得『染頭髮對採訪對象很失禮』或者『不知道會被攝影師說什麼……』，所以遲遲不敢行動。可是我在那次的採訪過程中發現『怎麼可以連提供資訊的我們都畏縮不前！』，這才勇敢地踏出這一步。」

請不要為了別人，而是應該要為了自己選擇髮型，這也會讓自己變得更有自信。當我回想起在攝影棚工作的他，笑起來有多麼耀眼，我就覺得好幸福。

284 always be with you

頭髮的特徵就是一天二十四小時都在你身邊。

不管是洗澡的時候，睡覺的時候，還是全裸的時候，頭髮隨時都陪在你身邊。

285

頭髮也是臉的一部分。不對，頭髮才是臉的本體

我常聽到有人說在臉（化妝或肌膚保養）花錢很值得，在頭髮花錢很浪費。

但仔細想想就會發現——頭髮，真的不是臉的一部分嗎？

眼睫毛、眉毛都是臉的一部分對吧。不管是眼睫毛還是眉毛，都是從臉長出來的毛。

所以頭髮當然也是，而且毛量與面積都比眼睫毛與眉毛來得多又大，可說是從臉部大量生長出來的毛。

所以，「頭髮」幾乎就是「臉的一部分」。不如說，就算把「頭髮當成臉」也不為過。因此，重視頭髮的人不僅頭髮好看，整個人也會很美麗。

286 在聯誼學到的事

我有位把聯誼看得比吃飯還重要的男性朋友，接下來的內容就是他告訴我的。

他跟我說，男生在聯誼結束後聚在一起討論時，常聊著「那個坐在你前面的短髮女孩」或是「剛剛有個綁馬尾的女孩對吧？」這類話題。

看來就算是沒有女性的場合，男性還是會憑著對髮型的記憶來對話，還請各位女性同胞記住這件事。

287 失戀與頭髮的斷捨離

很多人往往會覺得，「一失戀就剪頭髮」這是哪個年代的說法啊？但長年在美髮界工作的我，覺得剪頭髮的確能夠治療情傷。

這可能有點帶有靈性色彩，但頭髮確實能夠承載意念。因此乾脆地剪掉留存著與舊情人之間的回憶的髮尾，或許也是不錯的選擇。

透過改造髮型改變心情的效果，可是不容小覷的喲。

288 不打扮就缺乏動力

以前我曾參加某間老牌百貨公司的社內規定檢討會議。

這間百貨公司規定了員工在接待客人之際的髮色亮度，也要求員工把長度超過肩膀的頭髮綁起來。除了頭髮的規定之外，也禁止員工接睫毛或是做美甲。

不過某位員工反映「如果不打扮自己，就沒有信心接待客人」，要求公司修改上述的規定。所以他們便邀請我參加上述的會議，向我諮詢髮色與髮型的社會意義，還有其他業種在這方面的相關規定。

我覺得「明明能透過髮型與妝容讓自己變得更漂亮，卻因為被禁止這麼做而無法拿出自信」是一件非常可惜的事。只要整齊清潔、不會讓顧客覺得不舒服，稍微放寬這類規定應該沒什麼關係才對。

另一個問題是，這間企業沒有任何與「生來不是黑髮的人」有關的規定，那麼一出生就是金髮的人，或是遺傳了紅髮或棕髮的人到底該怎麼辦？

我覺得在考慮多元人力僱用的時候，必須重新檢視之前的髮型規定，我也向這間公司提供了這項建議。

雖然只是頭髮，但頭髮就是這麼重要。

就像這間公司的員工所說的，選擇能夠表現自我的髮型就能增加自信，也能發揮自己應有的表現。

289 頭髮能夠帶動心情

這是發生在朋友身上的事。

以前我在撰寫與頭髮有關的書籍時，曾經為了編排的問題，請教一位從事文字工作的朋友。他在這本書的製作過程中，去了好幾次美容院，原本的長髮也越剪越短。

當時我只以為「大概是想剪成短髮吧？」就沒特別多問，直到最近他才告訴我當時的心境。

其實他在跟我一起工作的時候，腎臟的老毛病惡化，醫生甚至建議他洗腎。

聽說腎臟病很嚴重的時候，連走路都變得很困難。就連準備出門都很艱難的那段時間，他想起書中寫的「改變髮型，人生也會跟著改變」這句話，於是去了美容院。

當他毅然決然地剪短長度及胸的頭髮後，的確變得不大一樣。開始有第一次見面的人稱讚他「你看起來好開朗」「很有活力」，他也因為「那些不認識自己的人覺得自己很開朗活潑」，變得更有力量。

被書中的這句話鼓舞，積極面對病情的他最終沒有選擇終生洗腎，而是選擇腎臟移植手術，接受老公的腎臟。

手術順利完成，他也利用自己的經驗撰寫文章、以醫療專欄作家的身分採訪那些為疾病所苦的患者，活躍於職場上。

當然，我的意思不是說他因為換了髮型而決定接受腎臟移植手術，也不是說換了髮型，手術才得以成功。畢竟頭髮沒有治癒疾病的力量。

不過，當我聽到他說「那個時候，頭髮真的拉了我一把」的時候，我真的覺得頭髮蘊藏著支持我們、在背後助我們一臂之力的能量。

290 翹翹的髮梢是獨一無二的個性

我曾經因為硬髮、多髮、早上起來總是亂翹的頭髮而感到自卑。有段時間，我曾悄悄地羨慕班上頭髮飄逸的女同學。

不過，當我年紀越來越長，頭髮就變得越來越柔細，現在亂翹的部分反而展現出恰到好處的分量感與流動感。

最近活用亂翹剪出的髮型，也越來越常被稱讚「你燙得真好看」。

我真想對以前的自己說：「你在二十年之後，會超喜歡自己的捲翹喲。」

291 與其遮掩不如活用

某本雜誌曾有

·隱藏圓臉的髮型

·活用圓臉的髮型

·隱藏亂翹髮尾的髮型

·活用亂翹髮尾的髮型

這類隱藏或活用臉型與髮質的企劃。

不只是我，就連設計師都很驚訝，因為當時拍攝的髮型當中，「活用」模式的髮型有九成以上的機率，看起來遠比隱藏模式亮麗耀眼。「隱藏臉型或髮質」的模式，會讓人覺得有點落寞或是缺乏自信。

如果你因為自己的頭髮很自卑，建議大家往「活用臉型與髮質」這個方向思考，不要想著要隱藏這些部分。這麼一來，或許就有機會遇見新的自己。

292

醫療假髮的髮型書

到目前為止，我編了不少髮型書，但最令我印象深刻的就是醫療假髮的髮型書了。

這是透過群眾募資募得印刷費與紙張費才得以出版的書。所有參與製作的人都是志工，印出來的書籍則捐贈給日本全國的圖書館與指定醫院。

當時某位醫療從業人員說的話，一直深深地留在我的心裡。

「如果病人對我們醫生說，他的白血球數值往下掉，我們就會想辦法處理。但當病人說他掉頭髮的時候，我們卻只能對他說『總有一天會再長回來，現在先忍忍』。這些醫療照顧不到的地方，能透過美容的力量彌補，真的是太感謝了。」

據說乳癌與子宮頸癌的化療很容易讓人掉頭髮，而有許多人年紀輕輕就罹患這類癌症。也有很多患者瞞著還小的孩子、公司人事部門以外的同事，邊帶小孩、邊工作，邊持續對抗癌症。

對這些患者來說，一頂宛如真髮的醫療假髮非常重要。

我聽說醫療假髮都很貴，希望在各界企業的努力下，能出現更多價格更加合理的醫療假髮。

293 頭髮很漂亮＝你很漂亮

某位女性曾笑著說：「當別人稱讚『你好會化妝』時，會有種莫名被損的心情吧？」當下我心想「原來如此」。妝容是「堆疊」上去的，被稱讚很會化妝，確實心情有點複雜，我懂。不過，頭髮是身體的一部分，所以整理得漂亮，看起來就更加「麗質天生」。我一直覺得，如果有人說我「頭髮很漂亮」，就近乎於在稱讚我這個人很漂亮。或許也是因為這樣，我才會覺得頭髮變得漂亮之後，會更加喜歡自己吧。

謝辭

此刻，我在北海道「錢函」這個站名非常有氣勢的車站。我在札幌跟設計師朋友吃飯的時候，跟他說我待會要跟媽媽見面，他便跟我說：「好久沒看到信子（我的母親）了，我也想跟他見個面。」於是他便陪我來到車站。

去年，我的父親過世了。他被醫生宣布罹患「硬胃癌」之後，過了半年就走了。由於父親住進了離自家往返需要五小時車程的札幌癌症中心，所以母親在醫院附近租了間房子，幾乎在所有可探病的時間與父親一起度過。

除了母親、我、弟弟之外，父親沒跟任何人提起自己的病情。在舉目無親的札幌陪父親一起面對癌症的母親，沒有任何人可以商量，明顯地越來越瘦。

當時母親只會在從美容院回來的時候露出開朗的表情。因為我將前述這位札幌的設計師，介紹給每天都得到醫院報到的母親。

母親似乎跟這位設計師提到了父親的病情。個性堅忍不拔的母親絕不是會向人吐苦水的人，所以當我知道他居然跟這位初次見面的女性設計師提到這件事時，著實大吃一驚。之後，母親便常去這位設計師的美容院，也跟這位設計師聊了很多。

我由衷感謝這位設計師，謝謝他陪著母親走過那段一人孤身離家的艱難時期。

這天，我把他帶到錢函，給了母親一個驚喜。自從父親過世後，他們倆很久沒見面，於是便把我晾在旁邊，開心地聊了起來。

我覺得設計師與顧客之間有著其他人難以建立的互信。我一邊看著母親與這位設計師的笑容，一邊想像在這個瞬間，也有許多設計師在全國各地的美容院，透過頭髮聲援某位顧客的人生。我之所以能寫出這本書，也是因為這些設計師讓我知道頭髮有多麼重要，以及頭髮能帶給我們多麼豐富的人生。

在此，由衷地感謝各位設計師。

感謝幫忙繪製漂亮插畫的coccory，以及把這本書排版得這麼可愛的原田惠都子與畑山榮美子，還有既開朗又溫柔的KANKI出版的今駒菜摘，謝謝他一直鼓勵我。

佐藤友美（Satoyumi）

L01110

日常髮則

髮のこと、これで、ぜんぶ。

關於頭髮的全部！解決頭髮煩惱的293則實用小知識

作者／佐藤友美
譯者／許郁文
主編／鄭悅君
特約編輯／林詠純
設計／小美事設計侍物

發行人／王榮文
出版發行／遠流出版事業股份有限公司
地址：臺北市中山區中山北路一段 11 號 13 樓
客服電話：02-2571-0297
傳真：02-2571-0197
郵撥：0189456-1
著作權顧問／蕭雄淋律師

初版一刷／2023 年 5 月 1 日
定價／新台幣 380 元（如有缺頁或破損，請寄回更換）

ISBN／978-957-32-9990-5
遠流博識網 www.ylib.com
遠流粉絲團 www.facebook.com/ylibfans
客服信箱 ylib@ylib.com

Original edition creative staff
Book Design: 原田恵都子（Harada ＋ Harada）Illustration: coccory
DTP: 畑山栄美子（M & K）Cooperation: 中野太郎、八木花子（MINX）；相楽顕（lien.）；米田美由紀（ALTI COR NATURE）

KAMINOKOTO KOREDE ZENBU

國家圖書館出版品預行編目 (CIP) 資料

日常髮則：關於頭髮的全部！解決頭髮煩惱的 293 則實用小知識 / 佐藤友美著；許郁文譯. -- 初版. -- 臺北市：遠流出版事業股份有限公司, 2023.05 284 面；13 × 17 公分 譯自：髪のこと、これで、ぜんぶ。
ISBN 978-957-32-9990-5(平裝)
1.CST: 美髮 2.CST: 健康法

425.5 112000829